模擬問題で学ぶ
QC検定 3級

品質管理検定運営委員会
委員長　新藤 久和　監修

日本規格協会

―品質管理検定®，QC検定®は，一般財団法人日本規格協会の登録商標です．

は じ め に

　品質管理検定（QC 検定）は，2005 年 12 月に実施された最初の検定試験から，40 回目を迎えようとしています．これまで，1 級から 4 級までの累計申込者数は 200 万人を超え，3 級だけでも全体の約半分に迫る 94 万人ほどとなっています．この間，第 3 回からの年 2 回開催，準 1 級の導入やレベル表の改定などを行って検定に対するニーズに応えてまいりました．

　このたび，20 周年の節目を迎えるにあたり，受検者の皆様のさらなる利便性の向上を図るとともに，2011 年の東日本大震災および 2020 年のコロナ禍による中止の反省も踏まえ，こうしたリスクを軽減することも考慮した方策としてコンピュータによる試験（CBT）を導入することとしました．

　これにより，従来の問題用紙を見ながら解答するかわりに，コンピュータの画面を見ながら解答する方式に変わります．問題は，原則として四者択一の一問一答形式となり，試験終了と同時に出題分野ごとの正答率を示したレポートが提供されるようになります．詳しくは，次の QC 検定センターウェブサイトをご覧ください．

　　（https://webdesk.jsa.or.jp/common/W10K0500/index/qc/）

　本書は，こうした試験の実施方法の変更に対する，皆様の戸惑いや不安を解消するために，CBT における出題形式などに慣れていただくことを目的として作成したものです．したがって，レベル表の内容を網羅しているわけではないことにご留意ください．本書が，第 40 回の検定から実施される CBT を受検される皆様の参考になり，CBT に円滑に移行できるよう願っております．

　2025 年 3 月

品質管理検定運営委員会
委員長(監修)　新藤　久和

目　次

はじめに

品質管理検定（QC 検定）の概要　　vi
CBT（コンピュータ試験）の概要　　xx
本書の使い方　　xxiv

第 1 章　手 法 編

大問 1　データの取り方・まとめ方（1） ……………………… 2
大問 2　データの取り方・まとめ方（2） ……………………… 5
大問 3　管理図 …………………………………………………… 12
大問 4　QC 七つ道具（1） ……………………………………… 19
大問 5　QC 七つ道具（2） ……………………………………… 26
大問 6　QC 七つ道具（3） ……………………………………… 32
大問 7　QC 七つ道具（4） ……………………………………… 38
大問 8　新 QC 七つ道具 ………………………………………… 44
大問 9　統計的方法の基礎 ……………………………………… 53
大問 10　相関分析 ……………………………………………… 60

第2章　実践編

- 大問 11　QC的ものの見方・考え方（1） ……………………… 66
- 大問 12　QC的ものの見方・考え方（2） ……………………… 70
- 大問 13　品質の概念 ……………………………………………… 74
- 大問 14　管理の方法（1） ………………………………………… 79
- 大問 15　管理の方法（2） ………………………………………… 84
- 大問 16　管理の方法（3） ………………………………………… 92
- 大問 17　管理の方法（4） ………………………………………… 98
- 大問 18　品質保証：プロセス保証 ……………………………… 105
- 大問 19　品質経営の要素：方針管理 …………………………… 110
- 大問 20　品質経営の要素：日常管理 …………………………… 112
- 大問 21　品質経営の要素：標準化 ……………………………… 119
- 大問 22　品質経営の要素：小集団活動 ………………………… 124
- 大問 23　品質経営の要素：品質マネジメントシステム ……… 127

品質管理検定（QC 検定）の概要

1. 品質管理検定（QC 検定）とは

　品質管理検定（QC 検定／https://www.jsa.or.jp/qc/）は，品質管理に関する知識の客観的評価を目的とした制度として，2005 年に日本品質管理学会の認定を受けて，日本規格協会が創設（2006 年より主催が日本規格協会及び日本科学技術連盟となる）したものです．

　本検定では，組織（企業）で働く人に求められる品質管理の"能力"を四つのレベルに分類（1〜4 級）し，各レベルの能力を発揮するために必要な品質管理の"知識"を筆記試験により客観的に評価します．

　本検定の目的（図 1）は，制度を普及させることで，個人の QC 意識の向上，組織の QC レベルの向上，製品・サービスの品質向上を図り，産業界全体のものづくり・サービスづくりの質の底上げに資すること，すなわち QC 知識・能力を継続的に向上させる産業基盤となることです．日本品質管理学会（認定）や日本統計学会（2010 年度統計教育賞受賞）などの外部からも高い評価を受けており，社会貢献度の高い事業としても認識されています．

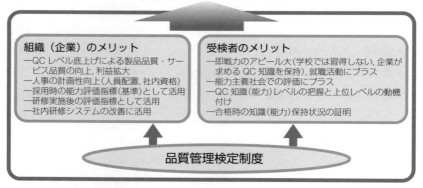

図 1　品質管理検定制度の目的と組織（企業）・受検者のメリット

2. QC検定の内容

<各級で認定する知識と能力のレベル並びに対象となる人材像>

区分	認定する知識と能力のレベル	対象となる人材像
1級・準1級	組織内で発生するさまざまな問題に対して,品質管理の側面からどのようにすれば解決や改善ができるかを把握しており,それらを自分で主導していくことが期待されるレベルです。また,自分自身で解決できないようなかなり専門的な問題については,少なくともどのような手法を使えばよいのかという解決に向けた筋道を立てることができる力を有しているようなレベルです。 組織内で品質管理活動のリーダーとなる可能性のある人に最低限要求される知識を有し,その活用の仕方を理解しているレベルです。	・部門横断の品質問題解決をリードできるスタッフ ・品質問題解決の指導的立場の品質技術者
2級	一般的な職場で発生する品質に関係した問題の多くをQC七つ道具及び新QC七つ道具を含む統計的な手法も活用して,自らが中心となって解決や改善をしていくことができ,品質管理の実践についても,十分理解し,適切な活動ができるレベルです。 基本的な管理・改善活動を自立的に実施できるレベルです。	・自部門の品質問題解決をリードできるスタッフ ・品質にかかわる部署の管理職・スタッフ《品質管理,品質保証,研究・開発,生産,技術》
3級	QC七つ道具については,作り方・使い方をほぼ理解しており,改善の進め方の支援・指導を受ければ,職場において発生する問題をQC的問題解決法により,解決していくことができ,品質管理の実践についても,知識としては理解しているレベルです。 基本的な管理・改善活動を必要に応じて支援を受けながら実施できるレベルです。	・業種・業態にかかわらず自分たちの職場の問題解決を行う全社員《事務,営業,サービス,生産,技術を含むすべて》 ・品質管理を学ぶ大学生・高専生・高校生
4級	組織で仕事をするにあたって,品質管理の基本を含めて企業活動の基本常識を理解しており,企業等で行われている改善活動も言葉としては理解できるレベルです。 社会人として最低限知っておいてほしい仕事の進め方や品質管理に関する用語の知識は有しているというレベルです。	・初めて品質管理を学ぶ人 ・新入社員 ・社員外従業員 ・初めて品質管理を学ぶ大学生・高専生・高校生

品質管理検定レベル表(Ver. 20150130.2)より

各級の試験方法・試験時間・受検料等の<試験要項>及び<合格基準>は,QC検定センターのウェブサイトで最新の情報をご確認ください。

3. 各級の出題範囲

　各級の出題範囲とレベルは下記に示す，QC検定センターが公表している"品質管理検定レベル表（Ver. 20150130.2）"に定められています．

　また，各級に求められる知識内容を俯瞰できるよう，レベル表の補助表として，手法編・実践編マトリックスが公表されています．

表の見方

- 各級の試験範囲は，各欄に示されている範囲だけではなく，<u>その下に位置する級の範囲を含んでいます</u>．例えば，2級の場合，2級に加えて3級と4級の範囲を含んだものが2級の試験範囲とお考えください．
- 4級は，ウェブで公開している"品質管理検定（QC検定）4級の手引き（Ver.3.2）"の内容で，このレベル表に記載された試験範囲から出題されます．
- 準1級は，1級試験の一次試験合格者（知識レベルの合格者）に付与するものです．

※凡例 ― 必要に応じて，次の記号で補足する内容・種類を区別します．
　　（　）：注釈や追記事項を記しています．
　　《　》：具体的な例を示しています．例としてこの限りではありません．
　　【　】：その項目の出題レベルの程度や範囲を記しています．

(Ver. 20150130.2)

級	試験範囲	
	品質管理の実践	品質管理の手法
1級 ・ 準1級	■品質の概念 ・社会的品質 ・顧客満足（CS），顧客価値 ■品質保証：新製品開発 ・結果の保証とプロセスによる保証 ・保証と補償 ・品質保証体系図 ・品質機能展開 ・DRとトラブル予測，FMEA，FTA ・品質保証のプロセス，保証の網（QAネットワーク） ・製品ライフサイクル全体での品質保証 ・製品安全，環境配慮，製造物責任 ・初期流動管理 ・市場トラブル対応，苦情とその処理	■データの取り方とまとめ方 ・有限母集団からのサンプリング《超幾何分布》 ■新QC七つ道具 ・アローダイアグラム法 ・PDPC法 ・マトリックス・データ解析法 ■統計的方法の基礎 ・一様分布（確率計算を含む） ・指数分布（確率計算を含む） ・二次元分布（確率計算を含む） ・共分散 ・大数の法則と中心極限定理 ■計量値データに基づく検定と推定 ・3つ以上の母分散に関する検定

級	試験範囲	
	品質管理の実践	品質管理の手法
1級・準1級	■品質保証：プロセス保証 ・作業標準書 ・プロセス（工程）の考え方 ・QC工程図，フローチャート ・工程異常の考え方とその発見・処置 ・工程能力調査，工程解析 ・変更管理，変化点管理 ・検査の目的・意義・考え方（適合，不適合） ・検査の種類と方法 ・計測の基本 ・計測の管理 ・測定誤差の評価 ・官能検査，感性品質 ■品質経営の要素：方針管理 ・方針の展開とすり合せ ・方針管理のしくみとその運用 ・方針の達成度評価と反省 ■品質経営の要素：機能別管理【定義と基本的な考え方】 ・マトリックス管理 ・クロスファンクショナルチーム（CFT） ・機能別委員会 ・機能別の責任と権限 ■品質経営の要素：日常管理 ・変化点とその管理 ■品質経営の要素：標準化 ・標準化の目的・意義・考え方 ・社内標準化とその進め方 ・産業標準化，国際標準化 ■品質経営の要素：人材育成 ・品質教育とその体系 ■品質経営の要素：診断・監査 ・品質監査 ・トップ診断 ■品質経営の要素：品質マネジメントシステム ・品質マネジメントの原則 ・ISO 9001 ・第三者認証制度【定義と基本的な考え方】 ・品質マネジメントシステムの運用 ■倫理・社会的責任【定義と基本的な考え方】 ・品質管理に携わる人の倫理 ・社会的責任 ■品質管理周辺の実践活動 ・マーケティング，顧客関係性管理 ・データマイニング・テキストマイニングなど【言葉として】	■計数値データに基づく検定と推定 ・適合度の検定 ■管理図 ・メディアン管理図 ■工程能力指数 ・工程能力指数の区間推定 ■抜取検査 ・計数選別型抜取検査 ・調整型抜取検査 ■実験計画法 ・多元配置実験 ・乱塊法 ・分割法 ・枝分かれ実験 ・直交表実験《多水準法，擬水準法，分割法》 ・応答曲面法，直交多項式【定義と基本的な考え方】 ■ノンパラメトリック法【定義と基本的な考え方】 ■感性品質と官能評価手法【定義と基本的な考え方】 ■相関分析 ・母相関係数の検定と推定 ■単回帰分析 ・回帰母数に関する検定と推定 ・回帰診断 ・繰り返しのある場合の単回帰分析 ■重回帰分析 ・重回帰式の推定 ・分散分析 ・回帰母数に関する検定と推定 ・回帰診断 ・変数選択 ・さまざまな回帰式 ■多変量解析法 ・判別分析 ・主成分分析 ・クラスター分析【定義と基本的な考え方】 ・数量化理論【定義と基本的な考え方】 ■信頼性工学 ・耐久性，保全性，設計信頼性 ・信頼性データのまとめ方と解析 ■ロバストパラメータ設計 ・パラメータ設計の考え方 ・静特性のパラメータ設計 ・動特性のパラメータ設計

1級・準1級の試験範囲には2級，3級，4級の範囲も含みます．

級	試験範囲	
	品質管理の実践	品質管理の手法
2級	■QC的ものの見方・考え方 ・応急対策，再発防止，未然防止，予測予防 ・見える化《管理のためのグラフや図解による可視化》，潜在トラブルの顕在化 ■品質の概念 ・品質の定義 ・要求品質と品質要素 ・ねらいの品質とできばえの品質 ・品質特性，代用特性 ・当たり前品質と魅力的品質 ・サービスの品質，仕事の品質 ・顧客満足（CS），顧客価値【定義と基本的な考え方】 ■管理の方法 ・維持と管理 ・継続的改善 ・問題と課題 ・課題達成型QCストーリー ■品質保証：新製品開発【定義と基本的な考え方】 ・結果の保証とプロセスによる保証 ・保証と補償 ・品質保証体系図 ・品質機能展開 ・DRとトラブル予測，FMEA，FTA ・品質保証のプロセス，保証の網（QAネットワーク） ・製品ライフサイクル全体での品質保証 ・製品安全，環境配慮，製造物責任 ・初期流動管理 ・市場トラブル対応，苦情とその処理 ■品質保証：プロセス保証【定義と基本的な考え方】 ・作業標準書 ・プロセス（工程）の考え方 ・QC工程図，フローチャート ・工程異常の考え方とその発見・処置 ・工程能力調査，工程解析 ・変更管理，変化点管理 ・検査の目的・意義・考え方（適合，不適合） ・検査の種類と方法 ・計測の基本 ・計測の管理 ・測定誤差の評価 ・官能検査，感性品質 ■品質経営の要素：方針管理 ・方針（目標と方策） ・方針の展開とすり合せ【定義と基本的な考え方】	■データの取り方とまとめ方 ・サンプリングの種類《2段，層別，集落，系統》と性質 ■新QC七つ道具 ・親和図法 ・連関図法 ・系統図法 ・マトリックス図法 ■統計的方法の基礎 ・正規分布（確率計算を含む） ・二項分布（確率計算を含む） ・ポアソン分布（確率計算を含む） ・統計量の分布（確率計算を含む） ・期待値と分散 ・大数の法則と中心極限定理【定義と基本的な考え方】 ■計量値データに基づく検定と推定 ・検定・推定とは ・1つの母分散に関する検定と推定 ・1つの母平均に関する検定と推定 ・2つの母分散の比に関する検定と推定 ・2つの母平均の差に関する検定と推定 ・データに対応がある場合の検定と推定 ■計数値データに基づく検定と推定 ・母不適合品率に関する検定と推定 ・2つの母不適合品率の違いに関する検定と推定 ・母不適合品数に関する検定と推定 ・2つの母不適合品数の違いに関する検定と推定 ・分割表による検定 ■管理図 ・$\bar{X}$–s管理図 ・X管理図 ・p管理図，np管理図 ・u管理図，c管理図 ■抜取検査 ・抜取検査の考え方 ・計数規準型抜取検査 ・計量規準型抜取検査 ■実験計画法 ・実験計画法の考え方 ・一元配置実験 ・二元配置実験 ■相関分析 ・系列相関《大波の相関，小波の相関》 ■単回帰分析 ・単回帰式の推定 ・分散分析 ・回帰診断《残差の検討》【定義と基本的な考え方】

級	試験範囲	
	品質管理の実践	品質管理の手法
2級	・方針管理のしくみとその運用【定義と基本的な考え方】 ・方針の達成度評価と反省【定義と基本的な考え方】 ■品質経営の要素：機能別管理【言葉として】 ・マトリックス管理 ・クロスファンクショナルチーム（CFT） ・機能別委員会 ・機能別の責任と権限 ■品質経営の要素：日常管理 ・業務分掌，責任と権限 ・管理項目（管理点と点検点），管理項目一覧表 ・異常とその処置 ・変化点とその管理【定義と基本的な考え方】 ■品質経営の要素：標準化【定義と基本的な考え方】 ・標準化の目的・意義・考え方 ・社内標準化とその進め方 ・産業標準化，国際標準化 ■品質経営の要素：小集団活動 ・小集団改善活動（QCサークル活動など）とその進め方 ■品質経営の要素：人材育成【定義と基本的な考え方】 ・品質教育とその体系 ■品質経営の要素：診断・監査【定義と基本的な考え方】 ・品質監査 ・トップ診断 ■品質経営の要素：品質マネジメントシステム【定義と基本的な考え方】 ・品質マネジメントの原則 ・ISO 9001 ・第三者認証制度【言葉として】 ・品質マネジメントシステムの運用【言葉として】 ■倫理・社会的責任【言葉として】 ・品質管理に携わる人の倫理 ・社会的責任 ■品質管理周辺の実践活動【言葉として】 ・顧客価値創造技術（商品企画七つ道具を含む） ・IE，VE ・設備管理，資材管理，生産における物流・量管理	■信頼性工学 ・品質保証の観点からの再発防止，未然防止 ・耐久性，保全性，設計信頼性【定義と基本的な考え方】 ・信頼性モデル《直列系，並列系，冗長系，バスタブ曲線》 ・信頼性データのまとめ方と解析【定義と基本的な考え方】
	2級の試験範囲には3級，4級の範囲も含みます．	

級	試験範囲	
	品質管理の実践	品質管理の手法
3級	■QC的ものの見方・考え方 ・マーケットイン，プロダクトアウト，顧客の特定，Win-Win ・品質優先，品質第一 ・後工程はお客様 ・プロセス重視（品質は工程で作るの広義の意味） ・特性と要因，因果関係 ・応急対策，再発防止，未然防止，予測予防【定義と基本的な考え方】 ・源流管理 ・目的志向 ・QCD+PSME ・重点指向《選択，集中，局部最適》 ・事実に基づく活動，三現主義 ・見える化《管理のためのグラフや図解による可視化》，潜在トラブルの顕在化【定義と基本的な考え方】 ・ばらつきに注目する考え方 ・全部門，全員参加 ・人間性尊重，従業員満足 (ES) ■品質の概念【定義と基本的な考え方】 ・品質の定義 ・要求品質と品質要素 ・ねらいの品質とできばえの品質 ・品質特性，代用特性 ・当たり前品質と魅力的品質 ・サービスの品質，仕事の品質 ・社会的品質【定義と基本的な考え方】 ・顧客満足 (CS)，顧客価値【言葉として】 ■管理の方法 ・維持と管理【定義と基本的な考え方】 ・PDCA，SDCA，PDCAS ・継続的改善【定義と基本的な考え方】 ・問題と課題【定義と基本的な考え方】 ・問題解決型QCストーリー ・課題達成型QCストーリー【定義と基本的な考え方】 ■品質保証：新製品開発【定義と基本的な考え方】 ・結果の保証とプロセスによる保証 ・保証と補償【言葉として】 ・品質保証体系図【言葉として】 ・品質機能展開【言葉として】 ・DRとトラブル予測，FMEA，FTA【言葉として】 ・品質保証のプロセス，保証の網（QAネットワーク）【言葉として】 ・製品ライフサイクル全体での品質保証【言葉として】	■データの取り方・まとめ方 ・データの種類 ・データの変換 ・母集団とサンプル ・サンプリングと誤差 ・基本統計量とグラフ ■QC七つ道具 ・パレート図 ・特性要因図 ・チェックシート ・ヒストグラム ・散布図 ・グラフ（管理図別項目として記載） ・層　別 ■新QC七つ道具【定義と基本的な考え方】 ・親和図法 ・連関図法 ・系統図法 ・マトリックス図法 ・アローダイアグラム法 ・PDPC法 ・マトリックス・データ解析法 ■統計的方法の基礎【定義と基本的な考え方】 ・正規分布（確率計算を含む） ・二項分布（確率計算を含む） ■管理図 ・管理図の考え方，使い方 ・$\bar{X}$–R管理図 ・p管理図，np管理図【定義と基本的な考え方】 ■工程能力指数 ・工程能力指数の計算と評価方法 ■相関分析 ・相関係数

級	試験範囲	
	品質管理の実践	品質管理の手法
3級	・製品安全，環境配慮，製造物責任【言葉として】 ・市場トラブル対応，苦情とその処理 ■品質保証：プロセス保証【定義と基本的な考え方】 ・作業標準書 ・プロセス（工程）の考え方 ・QC工程図，フローチャート【言葉として】 ・工程異常の考え方とその発見・処置【言葉として】 ・工程能力調査，工程解析【言葉として】 ・検査の目的・意義・考え方（適合，不適合） ・検査の種類と方法 ・計測の基本【言葉として】 ・計測の管理【言葉として】 ・測定誤差の評価【言葉として】 ・官能検査，感性品質【言葉として】 ■品質経営の要素：方針管理【定義と基本的な考え方】 ・方針（目標と方策） ・方針の展開とすり合せ【言葉として】 ・方針管理のしくみとその運用【言葉として】 ・方針の達成度評価と反省【言葉として】 ■品質経営の要素：日常管理【定義と基本的な考え方】 ・業務分掌，責任と権限 ・管理項目（管理点と点検点），管理項目一覧表 ・異常とその処置 ・変化点とその管理【言葉として】 ■品質経営の要素：標準化【言葉として】 ・標準化の目的・意義・考え方 ・社内標準化とその進め方 ・産業標準化，国際標準化 ■品質経営の要素：小集団活動【定義と基本的な考え方】 ・小集団改善活動（QCサークル活動など）とその進め方 ■品質経営の要素：人材育成【言葉として】 ・品質教育とその体系 ■品質経営の要素：品質マネジメントシステム【言葉として】 ・品質マネジメントの原則 ・ISO 9001	

3級の試験範囲には4級の範囲も含みます．

級	試験範囲		
	品質管理の実践	品質管理の手法	
4級	品質管理の実践	品質管理の手法	企業活動の基本
	■品質管理 ・品質とその重要性 ・品質優先の考え方 　（マーケットイン，プロダクトアウト） ・品質管理とは ・お客様満足とねらいの品質 ・問題と課題 ・苦情，クレーム ■管　理 ・管理活動（維持と改善） ・仕事の進め方 ・PDCA，SDCA ・管理項目 ■改　善 ・改善（継続的改善） ・QCストーリー（問題解決型QCストーリー） ・3ム（ムダ，ムリ，ムラ） ・小集団改善活動とは（QCサークルを含む） ・重点指向とは ■工程（プロセス） ・前工程と後工程 ・工程の5M ・異常とは（異常原因，偶然原因） ■検　査 ・検査とは（計測との違い） ・適合（品） ・不適合（品）（不良，不具合を含む） ・ロットの合格，不合格 ・検査の種類 ■標準・標準化 ・標準化とは ・業務に関する標準，品物に関する標準（規格） ・色々な標準《国際，国家》	■事実に基づく判断 ・データの基礎（母集団，サンプリング，サンプルを含む） ・ロット ・データの種類（計量値，計数値） ・データのとり方，まとめ方 ・平均とばらつきの概念 ・平均と範囲 ■データの活用と見方 ・QC七つ道具（種類，名称，使用の目的，活用のポイント） ・異常値 ・ブレーンストーミング	・製品とサービス ・職場における総合的な品質（QCD+PSME） ・報告・連絡・相談（ほうれんそう） ・5W1H ・三現主義 ・5ゲン主義 ・企業生活のマナー ・5S ・安全衛生（ヒヤリハット，KY活動，ハインリッヒの法則） ・規則と標準（就業規則を含む）
	4級は，ウェブで公開している"品質管理検定（QC検定）4級の手引き（Ver.3.2）"の内容で，このレベル表に記載された試験範囲から出題されます。		

QC検定レベル表マトリックス（手法編）

※凡例 — 必要に応じて，次の記号で補足する内容・種類を区別します．
　　◎：その内容を実務で運用できるレベル
　　○：その内容を知識として（定義と基本的な考え方を）理解しているレベル
　　＊：新たに追加した項目
　　（　）：注釈や追記事項を記しています．
　　《　》：具体的な例を示しています．例としてこの限りではありません．

		1級	2級	3級
データの取り方とまとめ方	データの種類	◎	◎	◎
	データの変換	◎	◎	◎
	母集団とサンプル	◎	◎	◎
	サンプリングと誤差	◎	◎	◎
	基本統計量とグラフ	◎	◎	◎
	サンプリングの種類（2段,層別,集落,系統など）と性質	◎	○	
	有限母集団からのサンプリング（超幾何分布など）	◎		
QC七つ道具	パレート図	◎	◎	◎
	特性要因図	◎	◎	◎
	チェックシート	◎	◎	◎
	ヒストグラム	◎	◎	◎
	散布図	◎	◎	◎
	グラフ（管理図は別項目として記載）	◎	◎	◎
	層別	◎	◎	◎
新QC七つ道具	親和図法	◎	◎	○
	連関図法	◎	◎	○
	系統図法	◎	◎	○
	マトリックス図法	◎	◎	○
	アローダイアグラム法	◎	○	○
	PDPC法	◎	○	○
	マトリックスデータ解析法	◎	○	○
統計的方法の基礎	正規分布（確率計算を含む）	◎	◎	○＊
	一様分布（確率計算を含む）	◎		
	指数分布（確率計算を含む）	◎		
	二項分布（確率計算を含む）	◎	◎＊	○＊
	ポアソン分布（確率計算を含む）	◎	◎＊	
	二次元分布（確率計算を含む）	◎		
	統計量の分布（確率計算を含む）	◎	◎＊	
	期待値と分散	◎	◎	
	共分散	◎		
	大数の法則と中心極限定理	◎	○＊	
計量値データに基づく検定と推定	検定と推定の考え方	◎	◎	
	1つの母平均に関する検定と推定	◎	◎	
	1つの母分散に関する検定と推定	◎	◎	
	2つの母分散の比に関する検定と推定	◎	◎	

QC検定レベル表マトリックス（手法編・つづき）

		1級	2級	3級
計量値データに基づく検定と推定	2つの母平均の差に関する検定と推定	◎	◎	
	データに対応がある場合の検定と推定	◎	◎	
	3つ以上の母分散に関する検定	◎		
計数値データに基づく検定と推定	母不適合品率に関する検定と推定	◎	◎*	
	2つの母不適合品率の違いに関する検定と推定	◎	◎*	
	母不適合数に関する検定と推定	◎	◎*	
	2つの母不適合数に関する検定と推定	◎	◎*	
	適合度の検定	◎		
	分割表による検定	◎	◎*	
管理図	管理図の考え方，使い方	◎	◎	◎
	$\bar{X}$–R 管理図	◎	◎	◎
	$\bar{X}$–s 管理図	◎	◎	
	X–Rs 管理図	◎	◎	
	p 管理図，np 管理図	◎	◎	○*
	u 管理図，c 管理図	◎	◎	
	メディアン管理図	◎		
工程能力指数	工程能力指数の計算と評価方法	◎	◎	◎
	工程能力指数の区間推定	◎		
抜取検査	抜取検査の考え方	◎	◎	
	計数規準型抜取検査	◎	◎	
	計量規準型抜取検査	◎	◎	
	計数選別型抜取検査	◎		
	調整型抜取検査	◎		
実験計画法	実験計画法の考え方	◎	◎	
	一元配置実験	◎	◎	
	二元配置実験	◎	◎	
	多元配置実験	◎		
	乱塊法	◎		
	分割法	◎		
	枝分かれ実験	◎		
	直交表実験（多水準法，擬水準法，分割法など）	◎		
	応答曲面法・直交多項式	○		
ノンパラメトリック法		○*		
感性品質と官能評価手法		○*		
相関分析	相関係数	◎	◎	◎*
	系列相関（大波の相関，小波の相関など）	◎	◎	
	母相関係数の検定と推定	◎		
単回帰分析	単回帰式の推定	◎	◎	
	分散分析	◎	◎	
	回帰母数に関する検定と推定	◎		
	回帰診断（2級は残差の検討）	◎	○*	
	繰り返しのある場合の単回帰分析	◎		

QC検定レベル表マトリックス（手法編・つづき）

		1級	2級	3級
重回帰分析	重回帰式の推定	◎		
	分散分析	◎		
	回帰母数に関する検定と推定	◎		
	回帰診断	◎		
	変数選択	◎		
	さまざまな回帰式	◎		
多変量解析法	判別分析	◎		
	主成分分析	◎		
	クラスター分析	○		
	数量化理論	○		
信頼性工学	品質保証の観点からの再発防止・未然防止	◎	◎	
	耐久性，保全性，設計信頼性	◎	○	
	信頼性モデル（直列系，並列系，冗長系，バスタブ曲線など）	◎	◎	
	信頼性データのまとめ方と解析	◎	○*	
ロバストパラメータ設計	パラメータ設計の考え方	◎		
	静特性のパラメータ設計	◎		
	動特性のパラメータ設計	◎		

QC検定レベル表マトリックス（実践編）

※凡例 ― 必要に応じて，次の記号で補足する内容・種類を区別します．
　　◎：その内容を実務で運用できるレベル
　　○：その内容を知識として（定義と基本的な考え方を）理解しているレベル
　　△：言葉として知っている程度のレベル
　　＊：新たに追加した項目
　　（ ）：注釈や追記事項を記しています．
　　《 》：具体的な例を示しています．例としてこの限りではありません．

		1級	2級	3級
品質管理の基本 （QC的なものの見方／考え方）	マーケットイン，プロダクトアウト，顧客の特定，Win-Win	◎	◎	◎
	品質優先，品質第一	◎	◎	◎
	後工程はお客様	◎	◎	◎
	プロセス重視（品質は工程で作るの広義の意味）	◎	◎	◎
	特性と要因，因果関係	◎	◎	◎
	応急対策，再発防止，未然防止	◎	◎	○
	源流管理	◎	◎	◎
	目的志向	◎	◎	
	QCD+PSME	◎	◎	
	重点指向	◎	◎	◎

QC検定レベル表マトリックス（実践編・つづき）

			1級	2級	3級
品質管理の基本 (QC的なものの見方／ 考え方)		事実に基づく活動，三現主義	◎	◎	○
		見える化，潜在トラブルの顕在化	◎	◎	○
		ばらつきに注目する考え方	◎	◎	◎
		全部門，全員参加	◎	◎	◎
		人間性尊重，従業員満足（ES）	◎	◎	◎
品質の概念		品質の定義	◎	◎	○
		要求品質と品質要素	◎	◎	○
		ねらいの品質とできばえの品質	◎	◎	○
		品質特性，代用特性	◎	◎	○
		当たり前品質と魅力的品質	◎	◎	○
		サービスの品質，仕事の品質	◎	◎	○
		社会的品質	◎	○	○
		顧客満足（CS），顧客価値	◎	○	△
管理の方法		維持と改善	◎	◎	○
		PDCA，SDCA	◎	◎	◎
		継続的改善	◎	◎	○
		問題と課題	◎	◎	○
		問題解決型QCストーリー	◎	◎	○
		課題達成型QCストーリー	◎	◎	○*
品質保証	新製品開発	結果の保証とプロセスによる保証	◎	○	○*
		保証と補償	◎	○	△*
		品質保証体系図	◎	○	△*
		品質機能展開（QFD）	◎	○	△*
		DRとトラブル予測，FMEA，FTA	◎	○	△*
		品質保証のプロセス，保証の網（QAネットワーク）	◎	○	△*
		製品ライフサイクル全体での品質保証	◎	○	△*
		製品安全，環境配慮，製造物責任	◎	○	△*
		初期流動管理	◎	○	
		市場トラブル対応，苦情とその処理	◎	○	○*
	プロセス保証	作業標準書	◎	○	○
		プロセス（工程）の考え方	◎	○	○
		QC工程図，フローチャート	◎	○	△
		工程異常の考え方とその発見・処置	◎	○	△
		工程能力調査，工程解析	◎	○	△
		変更管理，変化点管理	◎	○	
		検査の目的・意義・考え方(適合，不適合)	◎	○	○
		検査の種類と方法	◎	○	○
		計測の基本	◎	○	△
		計測の管理	◎	○	△
		測定誤差の評価	◎	○	△*
		官能検査，感性品質	◎	○	△*

QC検定レベル表マトリックス（実践編・つづき）

品質経営の要素			1級	2級	3級
品質経営の要素	方針管理	方針（目標と方策）	◎	◎	○
		方針の展開とすり合せ	◎	○	△
		方針管理のしくみとその運用	◎	○	△
		方針の達成度評価と反省	◎	○	△
	機能別管理	マトリックス管理	○	△	
		クロスファンクショナルチーム（CFT）	○	△	
		機能別委員会	○	△	
		機能別の責任と権限	○	△	
	日常管理	業務分掌，責任と権限	◎	◎	○
		管理項目（管理点と点検点），管理項目一覧表	◎	◎	○
		異常とその処置	◎	◎	○
		変化点とその管理	◎	○	△
	標準化	標準化の目的・意義・考え方	◎	○	△
		社内標準化とその進め方	◎	○	△
		産業標準化，国際標準化	◎	○	△
	小集団活動	小集団改善活動（QCサークル活動など）とその進め方	◎	◎	○
	人材育成	品質教育とその体系	◎	○	△
	診断・監査	品質監査	◎	○	
		トップ診断	◎	○	
	品質マネジメントシステム	品質マネジメントの原則	◎	○	△*
		ISO 9001	◎	○	△*
		第三者認証制度	○	△	
		品質マネジメントシステムの運用	◎	△	
倫理／社会的責任		品質管理に携わる人の倫理	○	△	
		社会的責任（SR）	○	△	
品質管理周辺の実践活動		顧客価値創造技術（商品企画七つ道具を含む）	○	△	
		マーケティング，顧客関係性管理	○		
		IE，VE	○	△	
		設備管理，資材管理，生産における物流・量管理	○	△	
		データマイニング，テキストマイニングなど	△		

CBT（コンピュータ試験）の概要

1. CBT（コンピュータ試験）とは

　CBTとは，Computer Based Testingの略で，試験をすべてコンピュータ上で行う試験方式のことです．受検者は，パソコンなどに表示される問題に対して，マウスやキーボードを用いて解答するもので，様々な資格・検定，大学の語学入試，企業の採用試験などで活用が進んでいます．

　なお，QC検定で行うCBTは，ご自宅ではなく，品質管理検定センター指定の全国のテストセンター（コンピュータ試験会場）で受検いただく方式です．テストセンターで用意されたパソコンを使用し，解答していただきます（テストセンター型のCBT方式）．

　テストセンター型のCBT方式は，従来からの全国一斉型のマークシート方式に比べて，以下の利点があります．

① **日時・会場を選べる**
　　これまでは，3月と9月の年2回（日曜日）に試験日が限られていましたが，CBTでは，設定された受検期間であれば，空席のある全国のテストセンターにおいて，自ら受検日時と会場を選択して申込みが可能です．
　　また，日曜日は受検ができない事情がある方も，土曜日や平日を選択することができます．

② **日時・会場を変更できる**
　　予定していた受検が悪天候であったり，自然災害が発生したり，また健康がすぐれない場合であっても，受検者自身で日時や会場の変更等が可能です．

③ **学習計画が柔軟に立てられる**
　　試験日を自分の都合で決められるので，試験日までの学習計画を柔軟に立てることができます．

2. CBT方式の詳細と試験画面の説明について

　CBT方式の詳細は，下記QC検定センターウェブサイトで最新の情報が公開されていますので，ご確認ください．

　また，試験画面の説明や問題例についても，QC検定センターウェブサイトにアクセスしていただきまして，「QC検定インフォメーション」などからご確認いただくことができます．試験前に，ぜひご活用ください．

―― QC検定／CBT方式の詳細に関するお問合せ ――

一般財団法人日本規格協会　QC検定センター
専用メールアドレス　kentei@jsa.or.jp
QC検定センターウェブサイト
　　https://www.jsa.or.jp/qc/

3. QC検定のお申込み方法

　QC検定試験では個人での受検申込みのほかに，団体での受検申込みをいただくことができます．

　個人受検と団体受検の申込み方法の詳細は，上記QC検定センターウェブサイトで最新の情報をご確認ください．

CBT 方式での画面イメージ

　CBT 方式での画面イメージを示します．
　一画面の中で，左側には大問が表示され，右側には小問と選択肢が表示されます（この画面はあくまでイメージであり，実際の試験画面とは異なります）．

☛ 画面左：大問

●【特性要因図】
　以下に，一般的な特性要因図の作成手順を示す．

手順1：対策あるいは改善しなければならない問題(A)を取り上げる．

手順2：一般に，右側に問題(A)を書いて四角で囲み，それに向かって左から水平に太い矢印(B)を書く．問題(A)に影響を与える要因を洗い出し，大要因から矢印のつながりによって要因間の関係を系統的に整理する．

手順3：ひとまず完成した特性要因図について，要因に漏れがないかなどチェックして(C)必要なものは加え，不要なものは消して最終的な調整を行う．

手順4：影響度の大きな要因(D)には他の要因と区別できるように丸で囲むなどする．

手順5：表題，関係者，作成年月日など必要事項を記入する．

画面右：小問と選択肢 ☞

■ 問13
特性要因図の作成において，取り上げた下線部(A)の問題を何というか．もっとも適切なものをひとつ選べ．

- 原因
- 特性
- ノウハウ
- 要素

■ 問14
特性要因図の作成において，下線部(B)の太い矢印を何というか．もっとも適切なものをひとつ選べ．

- 中骨
- 背骨
- 大骨
- 小骨

本書の使い方

　本書は，QC 検定 3 級の合格を目指して，教科書・演習問題集・過去問題で学習してきた方が，CBT に対応した模擬問題を解くことで，本番の出題形式を理解することができるように作成された教材です．
　そのため，本書だけですべての出題範囲を網羅しているわけではありませんが，教科書・演習問題集・過去問題と本書を併用して学習することにより，CBT 方式での QC 検定 3 級合格に近づくことができると考えます．

本書の特長

- 問題文が，本番の出題形式に近い記述となっている
- 大問全体をとおした出題のねらいを明らかにしている
- 小問ごとに丁寧でわかりやすい解説を行っている
- 図や表を用いて，学習内容をわかりやすく整理している

問題文	出題のねらい
本番の出題形式に近い記述となっています．	大問全体をとおした出題のねらいを明らかにしています．

10．相関分析

ある製品の重要特性である粘度 y のばらつきが大きく不安定なため，その原因を解析することになった．そこで，特性要因図から得られた技術的に重要要因と考えられる溶剤量 x に着目し，x と y との相関関係を調べるために，30組の対応のあるデータを取った結果，表1のデータを得た．なお，このデータを用いて散布図を描いたところ，全体の点のちらばりから異常点（飛び離れた点）はなかった．

表1．データ表（および計算補助表）

No.	溶剤量 x	粘度 y	x^2	y^2	xy
1	24.1	45.0	580.81	2025.00	1084.50
2	25.6	46.2	655.36	2134.44	1182.72
…	…	…	…	…	…
30	23.9	45.1	571.21	2034.01	1077.89
計	720.6	1357.2	17438.62	61477.26	32683.80

【問 49】
表1のデータから溶剤量 x の偏差平方和 S_{xx} と粘度 y の偏差平方和 S_{yy} を計算すると $S_{xx} = 129.808$，$S_{yy} = 77.532$ となった．相関係数 r の計算に必要な x と y の偏差積和を求めるといくらか．もっとも適切なものをひとつ選べ．

ア．83.856
イ．198.393
ウ．1537.498
エ．1638.382

【問 50】
表1のデータから溶剤量 x と粘度 y には直線的な関係があるかどうかを調べるために，相関係数 r を求めるといくらか．もっとも適切なものをひとつ選べ．

ア．−0.836
イ．0.646
ウ．0.836
エ．0.925

【問 51】
（問 50とは関係なく）もし，表1のように，対応のあるデータから相関係数 $r = 0.90$ が求まったとしたら，x と y との関係はどのように判断したらよいか．もっとも適切なものをひとつ選べ．

ア．正の相関がある．
イ．負の相関がある．
ウ．負の相関がありそうだ．
エ．相関がない．

解説

この問題は，製品の特性値 y と，その特性値をばらつかせる原因の一つである要因 x との関係について，対応のあるデータ (x_i, y_i) を示し，そのデータから要因 x に対する特性値 y の相関関係を判断する相関分析の方法を問うものである．

相関分析は，この問題のように x と y との対になったデータ (x_i, y_i) について，まずQC七つ道具の一つである散布図を描き，x と y との概略的な傾向，および全体の点のちらばりから異常点がないことを確認し，x と y の相関関係，すなわち x と y に直線的な関係があるかどうかを解析するものであり，その相関の強さを数値的に表す統計量に相関係数 r がある．

相関係数は式(1)で求めることができ，測定の原点・単位によらない無次元の量であり，$-1 \sim +1$ までの値をとる（$-1 \leq r \leq 1$）．絶対値が1に近いほど x と y の間の直線性がよくなり，$+1$ に近いほど正の相関が強く，-1 に近いほど負の相関が強くなる．逆に 0 に近いほど相関はない．また，$r = +1$，$r = -1$ のときはデータ (x_i, y_i) が直線上にすべてのっている状態である．データ (x_i, y_i) のちらばり状態に伴う相関係数 r の変化を散布図上で示すと解説図 10.1 のようになる．

相関係数 $r = \dfrac{S_{xy}}{\sqrt{S_{xx} S_{yy}}}$ (1)

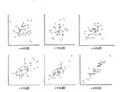

解説図 10.1 相関係数 r の変化（$0 \leq r \leq +1$ の場合）
（$-1 \leq r < 0$ のときは，傾きを逆に見ればよい）
出典 森口繁一（2010）：新編 統計的方法 改訂版，日本規格協会

ここに，

$$S_{xx} = \sum (x_i - \bar{x})^2 = \sum x_i^2 - \frac{(\sum x_i)^2}{n}$$

$$S_{yy} = \sum (y_i - \bar{y})^2 = \sum y_i^2 - \frac{(\sum y_i)^2}{n}$$

$$x \text{と} y \text{の偏差積和 } S_{xy} = \sum (x_i - \bar{x})(y_i - \bar{y}) = \sum x_i y_i - \frac{(\sum x_i)(\sum y_i)}{n}$$

これらの式は，設問には与えられていないのが普通なので，式は理解して覚えておく必要がある．なお，相関係数 r は，小数2けたか3けたで示すことが多い．

本問では，設問のデータをもとに，相関係数 r による判断を中心とした相関分析の方法を理解しているかどうかがポイントである．

解答
問 49 **ア**　問 50 **ウ**　問 51 **ア**

問 49

表1のデータ表を用いて相関係数 r の計算に必要な x と y の偏差積和 S_{xy} を求めると，

$$S_{xy} = \sum x_i y_i - \frac{(\sum x_i)(\sum y_i)}{n}$$

$$= 32683.80 - \frac{720.6 \times 1357.2}{30} = 83.856$$

となる．よって，正解はアである．
参考に，x の偏差平方和 S_{xx} と y の偏差平方和 S_{yy} の計算結果を次に示す．

$$S_{xx} = \sum x_i^2 - \frac{(\sum x_i)^2}{n} = 17438.62 - \frac{720.6^2}{30} = 129.808$$

図・表	小問ごとの解説
図や表を用いて，学習内容をわかりやすく整理しています．	小問ごとに丁寧でわかりやすい解説を行っています．

3級 第1章

手法編

1. データの取り方・まとめ方（1）

問 1

一般的に母集団は，分布の中心の位置とばらつきの程度で，その状態を知ることができる．分布の中心の位置を表す統計量としてもっとも適切なものをひとつ選べ．

　　ア．平均値
　　イ．偏差
　　ウ．最大値
　　エ．相関係数

問 2

ばらつきの程度を表す統計量としてもっとも適切なものをひとつ選べ．

　　ア．中央値
　　イ．算術平均
　　ウ．標準偏差
　　エ．寄与率

問 3

データの最大値と最小値の差を何というか．これは，簡単に求められるばらつきの尺度であり，データの数が 10 以下の場合によく用いられる．もっとも適切なものをひとつ選べ．

ア．中央値
イ．範囲
ウ．不偏分散
エ．標準偏差

解説

　この問題は，母集団から抽出したサンプルによって得られたデータから計算で得られる統計量について問うものである．

　本問では，大問2と関連して，分布の中心位置を表す統計量，ばらつきの大きさを表す統計量について理解しているかどうかがポイントである．

解答

問1　ア　　問2　ウ　　問3　イ

問1

　分布の中心の位置を表す代表的な統計量として，平均値 $\bar{x}$，メディアン $\tilde{x}$ がある．よって，正解はアである．

　中心の位置を表す統計量には，ほかに，ミッドレンジ M（最大値と最小値の平均）や出現頻度がもっとも多いデータを表す最頻値（モード）がある．

問2

　ばらつきの程度（大きさ）を表す統計量として，不偏分散 V，標準偏差 s，範囲 R がある．よって，正解はウである．

問3

取られたサンプルのデータの中の最大値と最小値を用いて範囲 R は，

$$R = 最大値 - 最小値$$

で求めることができる．これもばらつきを表す統計量である．よって，正解はイである．

範囲 R は，標準偏差 s を求める場合に必要な2乗の計算や $\sqrt{}$（平方根）の計算の必要もなく，計算が楽であるが，データのうち，二つのデータしか使わないので，データ数が大きくなると効率が悪くなるため，10以下の場合に使われることが多い．不偏分散 V，標準偏差 s は，データ数が $n=2$ からいくらでも大きなデータ数でも対応できる．

2. データの取り方・まとめ方（2）

一袋 200 g 入りの調味料の内容量を測定した．200 g 未満のものはなかったので，超過重量を記入し，次の 10 個のデータが得られた．

　　データ：　5　14　7　18　6　20　17　12　13　12

問 4

10 個のデータの平均値 $\bar{x}$ としてもっとも適切なものをひとつ選べ．

　ア．11.2
　イ．12.4
　ウ．12.5
　エ．13.8

問 5

10 個のデータのメディアン $\tilde{x}$ としてもっとも適切なものをひとつ選べ．

　ア．11.2
　イ．12.4
　ウ．12.5
　エ．13.8

問 6

10 個のデータの不偏分散 V から求めた標準偏差 s としてもっとも適切なものをひとつ選べ．

6

　ア．4.98
　イ．5.15
　ウ．5.93
　エ．6.23

問7

問4と問6とは別に，改めて10個のデータを取って，超過重量の平均値 $\bar{x}$ と標準偏差 s を求めたら $\bar{x}=10.5$ g, $s=1.00$ g が求まったとする．変動係数 CV としてもっとも適切なものをひとつ選べ．

　ア．0.1%
　イ．5.7%
　ウ．8.0%
　エ．9.5%

解説

　この問題は，母集団からのサンプルのデータの計算処理の方法を問うものである．

　サンプルから得られたデータを用いて計算して得られる値を，統計量という．統計量にはいろいろあるが，基本統計量として，中心の位置を表す平均値 $\bar{x}$，メディアン $\tilde{x}$，ばらつきの程度を表す不偏分散 V，標準偏差 s，範囲 R がある．また，これらを組み合わせた変動係数 CV や，工程能力指数 C_p, C_{pk} がある．

　本問では，具体的な数値が与えられており，統計量を計算することが求められる．正しい統計量の求め方に加えて，計算ミスをしないことがポイントである．

解答

問4 イ　　**問5** ウ　　**問6** イ　　**問7** エ

問4

データ 10 個（$n = 10$）の合計は $\sum x = 124$ であり，平均値 $\bar{x}$ は，これをデータ数 $n = 10$ で割って，

$$平均値\ \bar{x} = \frac{\sum x_i}{n} = \frac{124}{10} = 12.4$$

となる．よって，正解はイである．

平均値 $\bar{x}$ を求めると，元のデータのけたより小さいけたまで表示する．目安は，$n = 2 \sim 20$ なら元のデータの1けた下まで，$n = 21 \sim 200$ なら2けた下まで（それ以上は3けた下など）で丸める．「丸める」は，切り捨てではなく，もう1けた下を四捨五入する．また，割り切れた場合は，例えば $n = 10$ で，合計が 120 のとき，電卓で平均値 $\bar{x}$ を計算すると小数の 0 は表示されず 12 となるが，平均値 $\bar{x}$ の値は 0 を使ってけたを確保し $\bar{x} = 12.0$ とする．

統計量を計算したときに，気を配っておきたいのが，結果の表示けたである．JIS Z 9041-1:1999（データの統計的な解釈方法―第 1 部：データの統計的記述）には，平均値と標準偏差の結果の表示けたについて次のように記されている．

＜JIS Z 9041-1 4.2.1 平均値及び標準偏差のけた数＞

a) 平均値　表1のけた数まで出す．

表1

測定値の測定単位	測定値の個数		
0.1, 1, 10 などの単位	—	2～20	21～200
0.2, 2, 20 などの単位	4未満	4～40	41～400
0.5, 5, 50 などの単位	10未満	10～100	101～1000
平均値のけた数	測定値と同じ	測定値より1けた多く	測定値より2けた多く

b) 標準偏差　有効数字を最大3けたまで出す．

　計算結果が割り切れなくて，小さいけたまで数値が続く場合に，適当なけたまで表示するのが普通である．このような処置を「数値を丸める」という．丸めるときには，表示するけたの1けた下を見て，四捨五入する（丸めるは，切り捨てではない）．値がちょうど割り切れたときには，0を追加して，定めた表示けたまで表示する．

　あるいは，実用の面では，これよりも1～2けた多くしても問題はない．これは，けたが足りないと計算誤差が大きくなるが，多い分には特段の悪影響は出ないからである．必要なけたと合わせて，示すけたを決めればよい．

　標準偏差については，「有効数字を最大3けたまで出す」となっている．これは，1けたでもよい，反対に4けたはいけない，ということになるが，現代では少し問題がある．この規格は，電卓がまだ発達していない場合を想定しており，ルート（平方根）の計算が困難だったときの規定である．推奨は，有効数字3けた，あるいは平均値のけた数に合わせるなどが現実的である．

問 5

メディアン $\tilde{x}$（中央値）を計算する問題である．メディアン $\tilde{x}$ はデータを大きさの順で並べたとき，ちょうど真ん中にくる値である．データが奇数個の場合には，真ん中の値がそのままメディアン $\tilde{x}$ になる．偶数個の場合には，中央の二つの値の平均値がメディアン $\tilde{x}$ になる．本問ではデータは $n = 10$ であり，中央の二つの値（5 番目と 6 番目）は 12 と 13 であるので，平均して，

$$\tilde{x} = \frac{12 + 13}{2} = 12.5$$

がメディアン $\tilde{x}$ になる．よって，正解はウである．

メディアン $\tilde{x}$ は，平均値の代用として（計算が楽なので）用いられるが，分布が左右対称でないときは，全体を 50% で分ける値として平均値 $\bar{x}$ と別に用いられる．

メディアン $\tilde{x}$ はデータ数が奇数のときは，その中央の値をメディアン $\tilde{x}$ とし，偶数のときは中央の二つの値の平均になる．その値は，元のデータのけた数より 1 けた下までの表示となる．同じ値の平均や数値によっては平均した結果は 0 になることもあるが，けたは 0 をつけて確保する．本問で，もし中央の値が 11 と 13 であれば，メディアン $\tilde{x}$ は 12.0，12 と 12 であれば 12.0 と示すことになる．

問 6

偏差平方和 S から不偏分散 V を求め，そこから標準偏差 s を求める問題である．計算は，まず偏差平方和 S をデータ数 $n-1$ で割って不偏分散 V を求める．データ数は 10 なので，不偏分散 V は，

$$V = \frac{S}{n-1} = \frac{238.4}{10-1} = 26.4889$$

となる．

ここに，偏差平方和 S は，次式を用いて計算した値を用いた．

$$S = \sum (x_i - \bar{x})^2 = \sum x_i^2 - \frac{\left(\sum x_i\right)^2}{n}$$

$$= 1776 - \frac{124^2}{10} = 238.4$$

次にこれをルートで開いて（平方根）標準偏差 s を求めると，

$$s = \sqrt{26.4889} = 5.1467$$

となる．よって，もっとも近い値を選ぶので，正解はイである．

分散について現在の高校の数学Ⅰでは，偏差平方和 S をデータ数 n で割り，それをルートで開いたものを標準偏差 s としているが，母集団の分散（母分散）を推測するには，$n-1$ で割るのが正しい方法である．このため，ここでは，不偏分散と表現する．n で割ると母集団の分散（母分散）よりも小さい値にかたよる．$n-1$ で割ったものは，母集団の分散（母分散）に対して，大小のかたよりがないので，不偏という文字をあえてつけて強調して不偏分散 V と呼んでいる．

問7

変動係数 CV を計算する問題である．平均値 $\bar{x}$ と標準偏差 s を対比したのが変動係数 CV である．すなわち，次式のように，平均値 $\bar{x}$ を分母に，標準偏差 s を分子にしたもので，平均値 $\bar{x}$ をベースにしたばらつきの大きさを相対的に表すものである．この値が小さいほうが，ばらつきが小さいことになる．例えば，1 m と 10 m を計測した場合，いずれも誤差（標準偏差 s）が 1.0 cm だったとすると，10 m を計測した場合のほうが計測の精度が高いと考えるのが自然である．変動係数 CV は，こうした違いを表すことができる．

$$CV = \frac{s}{\bar{x}}$$

設問より，

$$CV = \frac{s}{\bar{x}} = \frac{1.00}{10.5} = 0.0952 \quad \rightarrow \quad CV = 9.5\%$$

となる．よって，正解はエである．

3. 管理図

$\bar{X}$–R 管理図の作成手順を次に示す.

手順1　対象とする工程と管理特性を決める.

手順2　データを集める.
今回，1日を群として，1日に5個のデータを採取し，25日分のデータを収集した.

手順3　群ごとに平均値 $\bar{X}$ と範囲 R を求める.
今回，求められた $\bar{X}$ と R について，それぞれ合計を求めると，$\sum \bar{X}$ = 1746.6 と $\sum R$ = 186 であった.

手順4　群ごとの平均値 $\bar{X}$ の平均値 $\bar{\bar{X}}$，および群ごとの範囲 R の平均値 $\bar{R}$ を求める.

手順5　平均値 $\bar{X}$ について，上側管理限界 UCL と下側管理限界 LCL を求め，中心線および上側管理限界線と下側管理限界線を記入する.

手順6　範囲 R について，上側管理限界 UCL と下側管理限界 LCL を求め，中心線および上側管理限界線と下側管理限界線を記入する.

手順7　群ごとの平均値 $\bar{X}$ と範囲 R をそれぞれ打点する.

手順8　必要事項を記入する.

表1. 管理限界線を計算するための係数表

群の大きさ n	A_2	D_3	D_4
2	1.880	—	3.267
3	1.023	—	2.575
4	0.729	—	2.282
5	0.577	—	2.114

【問】8

手順4において，今回の群ごとの平均値$\bar{X}$の平均値$\bar{\bar{X}}$の数値としてもっとも適切なものをひとつ選べ．

　ア．54.03
　イ．58.47
　ウ．65.54
　エ．69.86

【問】9

手順4において，今回の群ごとの範囲Rの平均値$\bar{R}$の数値としてもっとも適切なものをひとつ選べ．

　ア．5.76
　イ．6.20
　ウ．7.44
　エ．7.75

【問】10

手順5において，今回の$\bar{X}$管理図の上側管理限界UCLの数値としてもっとも適切なものをひとつ選べ．なお，解答にあたって必要であれば表1を用いよ．

　ア．42.03
　イ．46.47
　ウ．53.54
　エ．74.15

問 11

手順 5 において，今回の $\bar{X}$ 管理図の下側管理限界 LCL の数値としてもっとも適切なものをひとつ選べ．なお，解答にあたって必要であれば表 1 を用いよ．

ア．65.57
イ．68.47
ウ．75.54
エ．79.86

問 12

手順 6 において，今回の R 管理図の上側管理限界 UCL の数値としてもっとも適切なものをひとつ選べ．なお，解答にあたって必要であれば表 1 を用いよ．

ア．8.5
イ．10.4
ウ．12.4
エ．15.7

問 13

手順 6 において，今回の R 管理図の下側管理限界 LCL の数値としてもっとも適切なものをひとつ選べ．なお，解答にあたって必要であれば表 1 を用いよ．

ア．1.5
イ．2.4
ウ．7.4

エ．考えない（示されない）

解説

　この問題は，$\bar{X}$–R 管理図の管理線である中心線 CL，上側（上方）管理限界線 UCL，下側（下方）管理限界線 LCL の計算を問うものである．

　管理図とは，JIS Z 8101-2:1999（統計—用語と記号—第 2 部：統計的品質管理用語）において，「連続した観測値もしくは群のある統計量の値を，通常は時間順又はサンプル番号順に打点した，上側管理限界線，及び／又は，下側管理限界線をもつ図．打点した値の片方の管理限界方向への傾向の検出を補助するために，中心線が示される．」と定義されている．管理図には，計量値管理図の $\bar{X}$–R 管理図，$\bar{X}$–s 管理図，メディアン管理図，X 管理図，計数値管理図の np 管理図，p 管理図，c 管理図，u 管理図などがある．このうち，代表的な管理図が $\bar{X}$–R 管理図である．

　管理図の管理限界線の計算には，群の大きさに応じて，管理限界線を計算するための係数である A_2, D_3, D_4 の値が必要であるが，これらは表の形で提供されている．QC 検定の受検には，管理限界線の計算式は覚えておく必要がある．その他，計算ミスをしないことがポイントになる．特に $\bar{X}$ 管理図の管理限界線を求める式は $\bar{\bar{X}} \pm A_2 \bar{R}$ であり，乗算と加減算が混じった式である．使用する電卓では，計算式の順番どおりにキー入力しても，正しい答えが出ない場合がある．一度に計算しようとせずに，項ごとに分けて計算して，結果をメモしておき，最後にそれらを加減算して計算することが必要になるので，いずれにしても，電卓に慣れておくことが求められる．

　設問では，管理図作成の一連の手順が述べられている．その中から，

　　　群の大きさ：$n = 5$
　　　群の数：$k = 25$
　　　$\bar{X}$ の合計：$\sum \bar{X} = 1746.6$

R の合計：$\sum R = 186$

であることを知る必要がある．また，範囲 R のけたが整数値であり，平均値 $\bar{X}$ が小数点以下 1 けたであることから，元のデータは整数値であることもわかり，管理限界線に求められるけたもつかんでおくとよい．

本問では，$\bar{X}$–R 管理図の作成手順において，$\bar{X}$ 管理図と R 管理図の管理線，すなわち，中心線 CL, 上側（上方）管理限界線 UCL, 下側（下方）管理限界線 LCL の計算方法について理解しているかどうかがポイントである．

解答

- 問8 エ
- 問9 ウ
- 問10 エ
- 問11 ア
- 問12 エ
- 問13 エ

問8

手順4において，$\bar{X}$ 管理図の中心線 CL の $\bar{\bar{X}}$ を求める問題である．$\bar{X}$ の合計を群の数 k で割ればよい．求めるけた数は，元のデータのけたより2けた下まで求める．

$$\bar{\bar{X}} = \frac{\sum \bar{X}}{k} = \frac{1746.6}{25} = 69.864 \quad \rightarrow \quad 69.86$$

よって，正解はエである．

問9

手順4において，R 管理図の中心線 CL の $\bar{R}$ を求める問題である．R の合計を群の数 k で割ればよい．求めるけた数は，元のデータのけたより2けた下まで求める．

$$\bar{R} = \frac{\sum R}{k} = \frac{186}{25} = 7.44$$

よって，正解はウである．

問10

手順5において，$\bar{X}$管理図の上側（上方）管理限界線 UCL を求める問題である．

UCL の計算式は，$\bar{\bar{X}}+A_2\bar{R}$ である．A_2 の値は，表1の係数表から $n=5$ の行を見て，$A_2=0.577$ である．求めるけた数は，元のデータのけたより2けた下まで求める．したがって，UCL の値は，
$$\bar{\bar{X}}+A_2\bar{R}=69.86+0.577\times 7.44=74.15288 \quad \rightarrow \quad 74.15$$
となる．よって，正解はエである．

問11

手順5において，$\bar{X}$管理図の下側（下方）管理限界線 LCL を求める問題である．

LCL の計算式は，$\bar{\bar{X}}-A_2\bar{R}$ である．A_2 の値は，前問と同じく，$A_2=0.577$ である．求めるけた数は，元のデータのけたより2けた下まで求める．したがって，LCL の値は，
$$\bar{\bar{X}}-A_2\bar{R}=69.86-0.577\times 7.44=65.56712 \quad \rightarrow \quad 65.57$$
となる．よって，正解はアである．

問12

手順6において，R管理図の上側（上方）管理限界線 UCL を求める問題である．

UCL の計算式は，$D_4\bar{R}$ である．D_4 の値は，表1の係数表から $n=5$ の行を見て，$D_4=2.114$ である．求めるけた数は，元のデータのけたより1けた下まで求める．したがって，UCL の値は，
$$D_4\bar{R}=2.114\times 7.44=15.72816 \quad \rightarrow \quad 15.7$$
となる．よって，正解はエである．

🔴 13

手順 6 において，R 管理図の下側（下方）管理限界線 LCL を求める問題である．

LCL の計算式は，$D_3\bar{R}$ である．D_3 の値は，表 1 の係数表から，$n=5$ の行を見て，$D_3=$ — である．したがって，LCL の値は，存在しない．よって，正解はエである．

「LCL を考えない」ということは $LCL=0$ ということではない．もし $R=0$ があったとしても，対象となる下側（下方）管理限界線がないので，その点は異常ではない．また，考えないので，下側の「3 点中 2 点が管理限界線に接近」も異常としては考えないことになる．

4. QC七つ道具（1）

問 14

特性要因図を作成する目的において，もっとも適切なものをひとつ選べ．

ア．4Mや時間・環境別に，数値データを要素ごとに区別して有益な情報を得る．

イ．4Mや時間・環境別に，要因を抽出・整理して結果との関係を把握する．

ウ．重点指向に基づき，問題や原因について件数や損失金額などの大きさで並べて，重要なものを絞り込む．

エ．重点指向に基づき，改善点について有益な情報を得る．

問 15-20 共通条件

特性要因図の作り方には次の項目がある．

a) データや経験から重要と考えられる要因を抽出して○で囲む．
b) 抽出された要因をよく見つめ，似たものを集めて分類する．
c) 特性を決める．
d) 大別された要因を大骨として，要因を組み立てていく．
e) 特性に影響を与えると思われる要因を，複数名でいろいろと意見を出し合う．

これらの項目を順に並びかえると，特性要因図は5つの手順で作成される．

㊂ 15

手順1としてもっとも適切なものをひとつ選べ．

　ア．a)
　イ．b)
　ウ．c)
　エ．d)
　オ．e)

㊂ 16

手順2としてもっとも適切なものをひとつ選べ．

　ア．a)
　イ．b)
　ウ．c)
　エ．d)
　オ．e)

㊀ 17

手順 3 としてもっとも適切なものをひとつ選べ．

　　ア．a)
　　イ．b)
　　ウ．c)
　　エ．d)
　　オ．e)

㊀ 18

手順 4 としてもっとも適切なものをひとつ選べ．

　　ア．a)
　　イ．b)
　　ウ．c)
　　エ．d)
　　オ．e)

㊀ 19

手順 5 としてもっとも適切なものをひとつ選べ．

　　ア．a)
　　イ．b)
　　ウ．c)
　　エ．d)
　　オ．e)

問 20

特性要因図を作るときの良い方法としてもっとも適切なものをひとつ選べ．

ア．数値データの収集や整理を行ううえで，数値データの処理方法を考え，数値データを取りやすくする．
イ．工程が安定状態であるか，異常でないかを判断する．
ウ．複数名でブレーンストーミングの要領で意見を出し合うとよい．
エ．結果と結果に影響を与えると考えられる原因との，対のデータから両者の関係を調べる．

解説

　この問題は，QC 七つ道具の一つである特性要因図の作り方の手順を問うものである．

　特性要因図は，初期に日本の品質管理の普及，推進のリーダーであった，石川馨（かおる）博士が考案したものである．よく魚の骨ということがあるが，考案者である石川の著書には，「魚の骨のように簡単なものではあまり役に立たない」とある（石川馨：第 3 版品質管理入門，日科技連出版社，1981）．特性要因図の線は，大骨，小骨，孫骨などと骨を使うことが多いが，石川は，大枝，小枝，孫枝と枝を使って説明している．なお，特性は結果のこと，要因は原因のことであり，まず結果である特性を明確にし，特性に対して影響を与える要因を広く，多く出しながら，整理していく手法である．

　問題文を読むと，特性要因図の作り方について，a）〜e）の 5 つの項目がある．続けて問題文を問 15〜問 19 まで見ると，この項目の順序を並べる問題であることがわかる．問題文の手順 1〜手順 5 には，特に情報がないので，5 つの項目だけで，順序を決めることになる．

　解答が重複することはないので，わかりやすいところから確定して，選択肢

から取り除き，そのうえで検討するとよい．

本問では，特性要因図の作り方について理解しているかどうかがポイントである．

解答

- 問14　イ
- 問15　ウ
- 問16　オ
- 問17　イ
- 問18　エ
- 問19　ア
- 問20　ウ

問14

特性要因図の目的についての出題である．

特性要因図は，特性（結果）から出発して，その要因（原因）となる可能性のあるものを広い視野で，次々と見つけ出し，それを系統的に線で結び付け，見落とされている真の要因にたどり着こうという手法である．

選択肢のイは，「要因を抽出・整理して結果との関係を把握する」とある．よって，正解はイである．

誤解答である選択肢について，選択肢のアは「数値データを要素ごとに区別」とあるので数値データを層別すること，選択肢のウは「重点指向に基づき」「重要なものを絞り込む」とあるのでパレート図のことであり，選択肢のエは，「重点指向に基づき」「改善点について有益な情報を得る」とあるので現状を調べる（現状把握）あるいは要因解析のことである．

問15

特性要因図を作る手順の最初の項目を選ぶ問題である．このような問題では，最初の手順と最後の手順が一番見つけやすい．この中では，まず，特性要因図を作成する目的である特性を決めるのが第一歩となる．よって，正解はウである．

逆に，最後の項目を探すと，a)はできあがった特性要因図を用いて検討し

問16

次は，残った b), d), e) の中から，要因を出すことから始めるので，e) がこれにあたる．よって，正解はオである．

問17

残った b), d) のうち，b) は「分類する」，d) は「大別された要因を大骨として」とある．分類したもので，大骨として，それを整理し追加していくのが手順であるから，これは b) が先である．よって，正解はイである．

問18

分類したものを大骨として，いよいよ特性要因図の形を作っていく段階であり，これは d) である．よって，正解はエである．

問19

こうして，多くの要因が盛り込まれた特性要因図を見ながら，真の重要な要因を選び出す段階である．よって，正解はアである．

問20

4 つの選択肢から，誤りを除外しながら，正解のものを探す．

選択肢のアは，「数値データを取りやすくする」とあるのでチェックシートのこと，選択肢のイは，「工程の安定／異常を判定する」とあるので管理図のこと，選択肢のウは，「ブレーンストーミングで意見を出し合う」とあるので，特に除外する理由はなく，選択肢のエは，「対のデータ，両者の関係」とあるので散布図のことである．

したがって，特性要因図には，広い観点から，選択肢のウのように，要因の可能性のあるものを盛り込むことが大事であり，これは，作り方の良い方法と

して適切である．よって，正解はウである．

5. QC 七つ道具（2）

いろいろな状況でデータを取り，そのデータを用いてヒストグラムを描いたところ，図1～図4のヒストグラムが得られた．

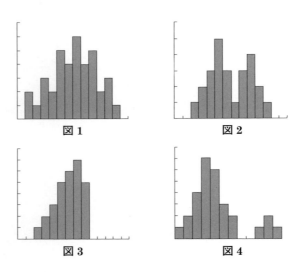

問 21

図1に示すヒストグラムの型の名称としてもっとも適切なものをひとつ選べ．

　　ア．離れ小島型
　　イ．二山型
　　ウ．歯抜け型
　　エ．絶壁型

㉒ 22

図2に示すヒストグラムの型の名称としてもっとも適切なものをひとつ選べ．

　　ア．離れ小島型
　　イ．二山型
　　ウ．歯抜け型
　　エ．絶壁型

㉒ 23

図3に示すヒストグラムの型の名称としてもっとも適切なものをひとつ選べ．

　　ア．離れ小島型
　　イ．二山型
　　ウ．歯抜け型
　　エ．絶壁型

㉒ 24

図4に示すヒストグラムの型の名称としてもっとも適切なものをひとつ選べ．

　　ア．離れ小島型
　　イ．二山型
　　ウ．歯抜け型
　　エ．絶壁型

㊀ **25**

製品の長さを 2 mm 単位で測定したが，作業者が度数表の級の幅を 5 mm で集計してヒストグラムを描いてしまった．この状況にもっとも合うヒストグラムをひとつ選べ．

　　ア．図 1 のヒストグラム
　　イ．図 2 のヒストグラム
　　ウ．図 3 のヒストグラム
　　エ．図 4 のヒストグラム

㊀ **26**

2 人の学生がテープを一定の長さになるようにはさみで切ったが，事前の調整が不十分で，2 人の平均の長さが大きく違っていた．この状況にもっとも合うヒストグラムをひとつ選べ．

　　ア．図 1 のヒストグラム
　　イ．図 2 のヒストグラム
　　ウ．図 3 のヒストグラム
　　エ．図 4 のヒストグラム

㊀ **27**

今日の製品には規格外れが多く，それらを取り除いて出荷した．この状況にもっとも合うヒストグラムをひとつ選べ．

　　ア．図 1 のヒストグラム
　　イ．図 2 のヒストグラム
　　ウ．図 3 のヒストグラム
　　エ．図 4 のヒストグラム

問 28

少数個の異常なデータが発生した．この状況にもっとも合うヒストグラムをひとつ選べ．

　ア．図1のヒストグラム
　イ．図2のヒストグラム
　ウ．図3のヒストグラム
　エ．図4のヒストグラム

解説

　この問題は，QC七つ道具の一つであるヒストグラムについて，全般的な知識を問うものである．

　ヒストグラムとは，「測定値の存在する範囲を幾つかの区間に分けた場合，各区間を底辺とし，その区間に属する測定値の度数に比例する面積をもつ長方形を並べた図」をいい，例えば，製品の品質特性である寸法や強度のような計量値で得られる特性値がどのようなばらつき方をしているのか，平均値はどのあたりの値かなどの状態を調べるときに用いられる手法である．各ヒストグラムの形と名称だけでなく，どのような場合にそのような型になるのかを結び付けて解答できる力量が必要である．

　この問題では**解説図 5.1** の「歯抜け型（くし歯型）」，**解説図 5.2** の「二山型」，**解説図 5.3** の「絶壁型」，**解説図 5.4** の「離れ小島型」の4種類が選択肢として登場するが，それ以外に，正規分布をしている母集団に対して適切な区間幅でヒストグラムを作成した場合に見られる，**解説図 5.5** に示す左右対称形の「一般型」を忘れてはならない．

　本問では，全体の姿に着目し，分布状態の傾向をヒストグラムで把握する方法について理解しているかどうかがポイントである．

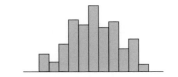
解説図 5.1 歯抜け型のヒストグラム

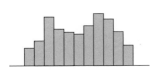
解説図 5.2 二山型のヒストグラム

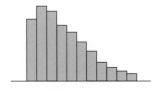
解説図 5.3 絶壁型のヒストグラム

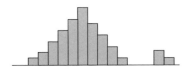
解説図 5.4 離れ小島型のヒストグラム

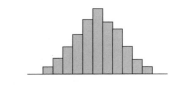
解説図 5.5 一般型のヒストグラム

解答

| 問21 ウ | 問22 イ | 問23 エ | 問24 ア |
| 問25 ア | 問26 イ | 問27 ウ | 問28 エ |

問 21, 25

横軸に取った区間の幅を測定単位の整数倍にしなかった場合，ヒストグラムは区間の度数が交互に増減する歯抜け型（くし歯型）になる．他にも，測定のやり方にくせがあったり，不適切な数値の丸め方をしたときにも，このような歯抜け型になる．よって，**問 21** の正解はウであり，**問 25** の正解はアとなる．

問 22, 26

　平均値の異なる二つの分布がまじりあっている場合，ヒストグラムは二山型になる．よって，**問 22** の正解はイであり，**問 26** の正解はイとなる．

　例えば，顧客クレームの調査のために，A工場とB工場で作ったネジ製品が混ざった状態で全長の寸法検査をした結果，ヒストグラムが二山型の分布になったとする．こういった場合はまず，製品をA工場製とB工場製に層別して，それぞれのヒストグラムから平均とばらつきを検討して原因追究につなげていく必要がある．

問 23, 27

　規格外れの不適合品のデータを取り除いた場合，ヒストグラムは絶壁型になる．よって，**問 23** の正解はエであり，**問 27** の正解はウとなる．

　計測したデータをすべてヒストグラムに表したとき，もともとは左右対称の一般型になっていたかもしれないが，平均値が上限規格 S_U または下限規格 S_L に大きくかたよっていた場合などに，かたよった側で多くの規格外れが起こることがある．問 23 の例だと，上限規格 S_U を超えた製品のデータをすべて取り除いたため，左右対称だったはずのヒストグラムが上限規格 S_U を境に絶壁のようになったと考えるのが自然である．

問 24, 28

　少数個の異常なデータが発生した場合，ヒストグラムは離れ小島型になる．よって，**問 24** の正解はアであり，**問 28** の正解はエとなる．

　名称のとおり，飛び離れた山を持つのが特徴で，異なった分布からのデータが混入して異常値となっている場合にこのような型になる．

引用・参考文献

1)　品質管理検定運営委員会(2023)：品質管理検定（QC検定）4級の手引き，Ver.3.2，日本規格協会

6. QC 七つ道具 (3)

下記データ（一部のみ提示）より度数表を作成し，それに基づいてヒストグラムを作成する．その手順は次のとおりである．なお，このデータの情報として，データ数は $n = 100$，測定単位は 0.1，最小値は 78.4，最大値は 82.0 が得られている．

80.5	81.2	78.9	79.4	81.0
79.1	79.4	80.0	79.9	80.1
80.1	81.5	80.3	78.8	79.8
⋮	⋮	⋮	⋮	⋮
⋮	⋮	⋮	⋮	⋮

手順1　仮の区間の数を決める．
手順2　区間の幅を決める．
手順3　区間の境界値を決める．
手順4　各区間の中心値を求める．
手順5　各区間に入るデータの度数を数え，度数表を作成する．
手順6　度数表に基づき，ヒストグラムを描く．
手順7　データ数，平均値，標準偏差，規格値などの必要事項を記入する．

問 29

手順1に関して，仮の区間の数はデータ数の平方根に近い整数とする．このときの値としてもっとも適切なものをひとつ選べ．

　　ア．7
　　イ．9
　　ウ．10

エ．12

問30

手順2に関して，区間の幅は，まず何を仮の区間の数で割って求めるか．もっとも適切なものをひとつ選べ．

ア．範囲
イ．測定単位
ウ．最大値
エ．最小値

問31

手順2に関して，区間の幅は測定単位（データの最小のきざみ）の何倍に丸めるべきか．もっとも適切なものをひとつ選べ．

ア．5
イ．奇数
ウ．偶数
エ．整数

問32

手順2に関して，このときの区間の幅としてもっとも適切なものをひとつ選べ．

ア．0.4
イ．1.0
ウ．2.1
エ．2.2

問33

手順3に関して，第1区間の下側境界値を求める式は次のとおりである．次式のAに入るもっとも適切なものをひとつ選べ．

　　第1区間の下側境界値＝最小値 － $\boxed{A}$

- ア．範囲／2
- イ．範囲／10
- ウ．測定単位／2
- エ．測定単位／10

問34

手順3に関して，このときの下側境界値としてもっとも適切なものをひとつ選べ．なお，手順3においては，この値に手順2で定めた区間の幅を順次加えて，最大値が入るまで区間を決めることになる．

- ア．57.90
- イ．57.98
- ウ．60.35
- エ．78.35

解説

この問題は，大問5に続いて，ヒストグラムの作成に必要な度数表の作成方法を問うものである．

実際の企業活動の中では，ヒストグラムをはじめ，多くの図表はソフトウェアにデータを入力するだけで半自動的に出力されるのが実態であろう．しかし，図表が作成されるまでのプロセスに関する知識がないと，アウトプットさ

れた図表が適切であるかどうかを判断することは難しい．

本問では，与えられたデータに基づいてヒストグラムを作成する方法について理解しているかどうかがポイントである．

解答

問 29 ウ　　**問 30** ア　　**問 31** エ　　**問 32** ア
問 33 ウ　　**問 34** エ

問 29

問題文の中に，「仮の区間の数はデータ数の平方根に近い整数」という指示が既にある．したがって，データ数は $n = 100$ であるから，その平方根は

$$\sqrt{n} = \sqrt{100} = 10$$

となる．よって，正解はウである．

問 30

区間の幅は，次のように，データの範囲を仮の区間の数で割って求める．

$$区間の幅 = \frac{データの範囲}{仮の区間の数} = \frac{最大値 - 最小値}{仮の区間の数}$$

なお，区間の幅とデータの範囲がヒストグラムの中でどの部分を指すかイメージしにくい場合は，**解説図 6.1** を参考にするとよい．よって，正解はアである．具体的な計算方法は**問 32** で解説する．

問 31

区間の幅は，測定単位（測定のきざみともいう）の整数倍に丸める．よって，正解はエである．

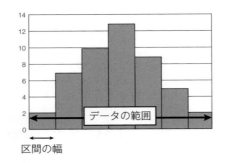

解説図 6.1 ヒストグラム中のデータの範囲と区間の幅の関係

問 32

問 30 と問 31 の解答から，区間の幅を求めると次のようになる．

範囲 = 82.0 − 78.4 = 3.6

これを仮の区間の数（問 29 の解答）で割ると，

3.6/10 = 0.36

となる．したがって，整数倍に丸めると 0.4 が一番近い．よって，正解はアである．

問 33

区間の境界値を決めるにあたり，最初の区間（ヒストグラムの一番左の区間：第 1 区間）の下側境界値は，

$$最小値 - \frac{測定単位}{2}$$

という式で求める．よって，正解はウである．なお，最初の区間の下側境界値がヒストグラムの中でどの部分を指すかイメージしにくい場合は，**解説図 6.2** を参考にするとよい．

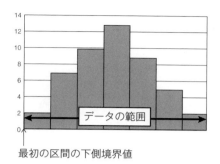

解説図 6.2 ヒストグラム中の最初の区間の下側境界値

🔴 34

問 33 の解答から計算する．最小値は 78.4，測定単位/2 = 0.1/2 = 0.05 であるから，最初の区間の下側境界値は，

$$78.4 - 0.05 = 78.35$$

となる．よって，正解はエである．

この区間の幅，境界値で度数表を完成させることになるが，結果的に最初に求めた仮の区間の数（**問 29** 参照）と異なることもある．

7. QC 七つ道具（4）

要因 x および y のそれぞれと特性 z との関係を調べるために，それぞれ 20 組のデータを収集して，図 1 および図 2 の散布図を作成した．

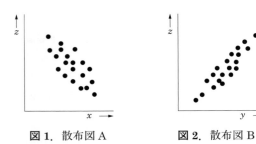

図 1. 散布図 A　　図 2. 散布図 B

問 35

散布図を作成する場合，一般に計量値のデータを用いる．収集された 20 組の x と z，および y と z のデータは，何データと呼ばれるか．もっとも適切なものをひとつ選べ．

　ア．言語データ
　イ．対になったデータ
　ウ．計数値データ
　エ．ビッグデータ

問 36

図 1 に示す要因 x と特性 z との散布図から，要因 x と特性 z はどのような関係が読み取れるか．もっとも適切なものをひとつ選べ．

ア．正の相関がある．
イ．負の相関がある．
ウ．相関がない．
エ．二次の関係がある．

問37

図2に示す要因yと特性zとの散布図から，要因yと特性zはどのような関係が読み取れるか．もっとも適切なものをひとつ選べ．

ア．正の相関がある．
イ．負の相関がある．
ウ．相関がない．
エ．二次の関係がある．

問38

図1と図2の散布図より，要因xとyとでは，特性zとの関係はどちらの要因のほうが相関関係が強いといえるか．もっとも適切なものをひとつ選べ．

ア．要因x
イ．要因y
ウ．要因xと要因yとも同じである．

問39

散布図を使った解析の目的として，適切でないものをひとつ選べ．

ア．特性のばらつきに影響している要因を調べる．
イ．特性のばらつきに影響しない要因を調べる．
ウ．本来の特性の測定に時間がかかりすぎたり，破壊検査のように測定が

困難だったりする場合，本来の特性に代わるもの，つまり，代用特性を探す．

エ．問題を解決するための方策を目的と手段の関係で系統的に展開し，実施可能な最適方策を得る．

解説

この問題は，散布図と相関について基本的な知識を問うものである．

散布図とは，対になった（対応のある）二つの特性を横軸 x と縦軸 y にとり，測定値を打点して作るグラフである．相関とは，対になった二つのデータの関係を表す言葉である．相関には正の相関と負の相関があり，その関係を図に示したものが散布図である．わかりやすい事例として，外気温と洗濯物が乾くまでの時間をあげる．なお，簡略化するために，湿度や風の強さは考慮しないとする．この場合，14℃のときに6時間，20℃のときに4時間，32℃のときに2時間などのように，外気温と乾燥時間が対になった二つの組のデータとなる．この対になったデータについて，外気温を横軸に，乾燥時間を縦軸にとってグラフつまり散布図に表すと，右下がりになることが容易に想像できる．すなわち，外気温と洗濯物が乾燥するまでの時間の間には，負の相関があるといえる．この考え方を，実際の現場や社会で起こっている事象にあてはめて考えることで，対になったデータの間の傾向を知ることができ，不適合の予防や，顧客の獲得などにつなげることができる．

本問では，対になったデータの間の関係を調べるときに有効な散布図の見方について理解しているかどうかがポイントである．なお，本問と関連する問に大問10の相関分析の問題がある．本問については，理解を深めるために大問10と合わせて確認するとよい．

解答

問35 イ　　**問36** イ　　**問37** ア　　**問38** イ
問39 エ

問35

散布図上が表現するのは，対になった二つのデータである．前ページの事例の場合，外気温を x，洗濯物が乾くまでの時間を z とすると，これら二つの値の組合せからグラフ上の一つの打点位置が決まる．つまり，

$(x, z) = (14, 6),\ (20, 4),\ (32, 2)$

である．よって，正解はイである．

誤解答である選択肢について，言語データは数値ではなく，計数値データは，1, 2, 3 と個数を数えて得られるデータであり，散布図は「一般に計量値のデータを用いる」と問題文にある．ビッグデータは，従来取り扱っていたデータに比べて，巨大なデータ群を指す．

問36

散布図上のデータが存在するエリアが右上がりに広がっている場合は正の相関，右下がりの場合は負の相関があるという．散布図Aを見ると，対のあるデータは右下がりの傾向があるため，負の相関がある．よって，正解はイである．

誤解答である選択肢について，相関がない状態とは，**解説図7.1**のように，x と z の関係に何の規則性もない状態をいう．その場合，散布図上ではデータがグラフ内各所に不規則に打点されるだけで，右上がりでも右下がりでもない．二次の関係とは，**解説図7.2**のように，二次方程式をグラフにした場合の放物線を想像すればわかるとおり，散布図Aの形状とは明らかに異なる．

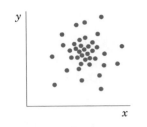

解説図 7.1　相関がない状態の散布図の例

解説図 7.2　二次の関係がある散布図の例

問 37

散布図 B を見ると，対になったデータは右上がりの傾向にあるため，y と z の関係には正の相関がある．よって，正解はアである．

問 38

相関関係には強い，弱いがある．一般的には相関係数 r を求め，その値によって判断することができるが，本問では具体的な数値は与えられていないので，散布図の状態から相関の強さを判断することになる．散布図上に，各データにもっともよくあてはまるような直線（回帰直線という）を引いてみると，相関が強い場合はデータが濃い密度でその直線の周りに存在する．逆に相関があっても弱い場合は，直線の周りでデータはばらつく．散布図 A と散布図 B を比べてみると，散布図 B のほうが狭い範囲にデータが収まり，右上がりの直線に沿っていることがわかる．よって，正解はイである．

問 39

この問題は，<u>適切でないもの</u>を選ぶ点に注意を要する．散布図は，二つの特性の関係を可視化できる手法である．例えば，ある特性 z にばらつきが見られた際，別の特性 x との相関があるかないかを確認することで，x のばらつきが z のばらつきに影響を及ぼしているか否かを調べることができる．よって，選択肢のアとイは適切である．選択肢のウについても，例えば，ある特性 z を直

接測定することが困難な場合，z と強い相関のある特性 y を測定することで，間接的に z が求められる場合がある．そういった特性 y を探すにあたって散布図の利用は有用である．選択肢のエは新 QC 七つ道具の一つである系統図の説明である．散布図は目的と手段を系統的に展開するものではないことからも，本問の正解は，適切でないエとなる．系統図に関する説明については**問 40** の解説を参照のこと．

8. 新 QC 七つ道具

問 40

図1のように，達成すべき目的（目標）に対する方策を具体的な方策が出るまで順序立てて展開するために，新 QC 七つ道具の中で描かれる図としてもっとも適切なものをひとつ選べ．

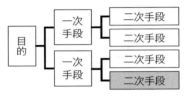

図1．概念図

ア．連関図
イ．特性要因図
ウ．PDPC
エ．系統図

問 41

図2のように，混沌とした状況の中で得られた言語データを，データの類似性によって整理し，各言語データの内容から問題の本質を理解するために，新 QC 七つ道具の中で描かれる図としてもっとも適切なものをひとつ選べ．

図2．概念図

ア．親和図
イ．連関図
ウ．層別
エ．系統図

㊿ 42

図3のように，複数経路を含む一連の作業プロセスの計画や実施をするうえで必要な作業手順を整理するのに有効な手法であり，例えば，結合点日程を計算することによって時間短縮の検討を行うために，新QC七つ道具の中で描かれる図としてもっとも適切なものをひとつ選べ．

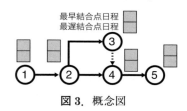

図3．概念図

ア．系統図
イ．PDPC
ウ．アローダイアグラム
エ．連関図

㊿ 43

図4のように，取り上げた問題に関して，結果と原因の関係を論理的に展開することによって，複雑に絡んだ糸をときほぐし重要要因を絞り込むために，新QC七つ道具の中で描かれる図としてもっとも適切なものをひとつ選べ．

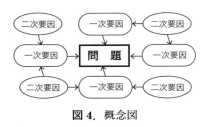

図 4. 概念図

ア．特性要因図
イ．連関図
ウ．アローダイアグラム
エ．PDPC

問 44

図 5 のように，事象 1 と事象 2 の関係する交点の情報を記号化することによって必要な情報を得るために，新 QC 七つ道具の中で描かれる図としてもっとも適切なものをひとつ選べ．

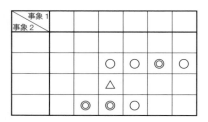

図 5. 概念図

ア．散布図
イ．系統図
ウ．連関図
エ．マトリックス図

問 45

図6のように，方策の推進過程において発生するかもしれない事態を予測し，事前に回避するための策を講じておくために，新QC七つ道具の中で描かれる図としてもっとも適切なものをひとつ選べ．

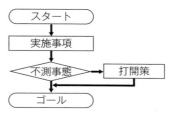

図6. 概念図

ア．親和図
イ．アローダイアグラム
ウ．系統図
エ．PDPC

解説

この問題は，主に言語で表現される言語データを扱う新QC七つ道具について問うものである．

新QC七つ道具とは，親和図法，連関図法，系統図法，マトリックス図法，マトリックス・データ解析法，アローダイアグラム法，PDPC法の七つの手法により，言語データを図式化・視覚化して整理する方法として構成されたものである．この問題のように実際の図表が示されると，学習した内容との結び付きが容易になり解答しやすいが，図表を示さず文章だけで手法の特徴を示すような出題方法も考えられる．図表がなくてもそれぞれの手法の違いが見分けられるか，今一度自分の知識を確認してみるとよい．

本問では，新 QC 七つ道具における各手法の目的や使用方法について理解しているかどうかがポイントである．

解答

問40

正解はエの系統図である．系統図は達成すべき目標からスタートする．その目的（目標）を達成するためには何をすべきかを一次手段として書き並べるが，この時点では，まだ具体的な活動として表現できていない可能性が高い．そこで，一次手段を達成するための二次手段を検討し，順次右側に書き連ねていく．この作業を続けていくことで，具体的に何をすれば目標を達成できるのか，系統だった分析を実施することができる（**解説図 8.1 参照**）．QC ストーリーに基づく改善活動の中で，対策の立案の際に有用なツールである．

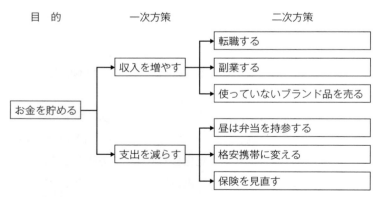

解説図 8.1 お金を貯めるという目的を達成するための系統図の例

問 41

　正解はアの親和図である．例えば，**解説図 8.2** のように，生産活動が何となくうまくいっていないことはわかっているが，いろいろな要素がありすぎて果たして何が問題なのかわからない．そのような漠然とした状況の中で，問題の本質を整理するために有用な手法である．基本的な実施方法としては，ブレーンストーミングなどで集まった意見，例えば「今の手順はわかりにくい」，「新人ばかり」，「残業が多くて皆疲れている」，「上司が怖い」などを言語データとしてカードなどに一つずつ書き，それぞれのカードを類似グループごとに集めて整理していく．そしてグループごとにラベル（標題）を付けることで，対処が必要なテーマが浮かんでくるというものである．ここではイメージしやすい例をあげたが，誰も経験したことがないような将来の課題について分析するときなどにも効果を発揮する．

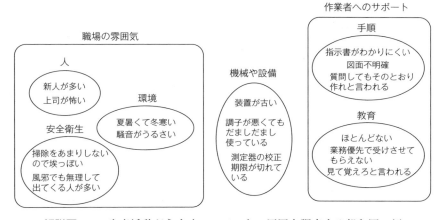

解説図 8.2　生産活動がうまくいっていない原因を調査する親和図の例

問 42

　正解はウのアローダイアグラムである．アローダイアグラムはプロジェクトの日程管理など，計画どおりにものごとを滞りなく進行するために活用される手法である．例えば，**解説表 8.1** のように，ある製品を完成させるための全工

解説表 8.1 ある製品 A の製造工程

	作業	作業日数	先行作業
A	使用部品検査と払い出し	2	—
B	機構部製造	5	使用部品検査と払い出し
C	電装品取付け	2	機構部製造
D	機構部工程検査	5	機構部製造
E	水まわり部品取付け	2	機構部工程検査
F	最終組立	7	機構部工程検査
G	電装品工程検査	1	機構部工程検査
H	機能試験と完成品検査	10	水まわり部品取付け, 電装品工程検査, 最終組立

程を，主な作業単位に分解し，各作業の前後に結合点と呼ばれる○印を置きながら全体の流れを矢印で示して，これをアローダイアグラムに示したものが**解説図 8.3** である．

解説表 8.1 と**解説図 8.3** から，たとえ作業 C の電装品取付けが 2 日で完了しても，作業 D の機構部工程検査が終わらない限り次のプロセスに進めないことがわかる．このような図にすることで，日程管理以外にも，ボトルネックになっている工程の抽出や，同時進行できる工程の検討に役立てることができる．

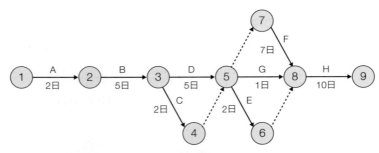

┄┄┄▶ ダミー作業（作業の進行を調整するために使う）
上図の場合，作業 C が終わっても作業 D が終わらない限り次に進めない．

解説図 8.3 製品 A 製造工程のアローダイアグラム

問 43

正解はイの連関図である．連関図は結果と原因が複雑に絡みあった問題を整理し，それぞれの相互関係を図にすることで，解決に導くための手法である．実際の現場では，問題と要因との間に因果関係があったり，どの原因が何の結果をもたらしているのか簡単には判別できない問題も多い．そのようなときに有用である．まず中央に解決したい問題を書き，その周囲に直接の原因になり得るもの（一次要因）を配置していく．さらにその周りに一次要因の原因になり得るもの（二次要因）を置き，それぞれの因果関係を矢印で結ぶことで完成する．この手法は，結果と原因の関係だけでなく，ある目的を達成するための手段を探す場合にも有用である．ある製品の製造コストが高い原因に関する連関図の例を**解説図 8.4** に示す．

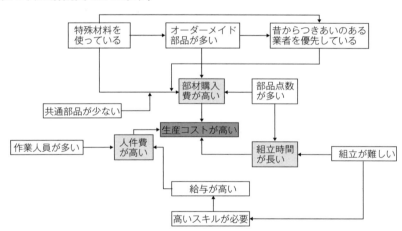

解説図 8.4 製造コストが高い原因の連関図の例

問 44

正解はエのマトリックス図である．マトリックス図は，二次元の表で項目間の関連の有無や関連の強さを明らかにする手法である．まず表を準備し，行と列に分析したい事象を記載し，それぞれの行と列が交わる欄に該当する情報を記入する．それによって，検討が必要な情報が漏れなく洗い出され，重要度や

優先度が一目でわかるようになる．身近な使用例として，**解説図 8.5** の QC サークルでのテーマ選定時にマトリックス図を活用したものを示す．

テーマ候補	重要性	緊急性	コスト	期待される効果	総合評価
治工具管理の改善	○	△	○	○	11 点
ピッキングミスの撲滅	◎	○	○	△	13 点
段取り時間の短縮	○	○	○	○	12 点
検査記録作成ミスの削減	◎	◎	△	◎	17 点

◎5点，○3点，△2点，×0点とする

解説図 8.5　マトリックス図を用いた改善テーマ選定の例

問45

正解はエの PDPC である．PDPC は Process Decision Program Chart（過程決定計画図）の略で，あるゴールを達成するために，各プロセスが進むにつれて望ましくない状態に陥ったとしても，あらかじめ準備した打開策によって問題を克服し，状況を打開して成功に導いていくための手法である．簡単な使用例として，**解説図 8.6** の英語でのプレゼンテーションを成功させるための PDPC の例を示す．

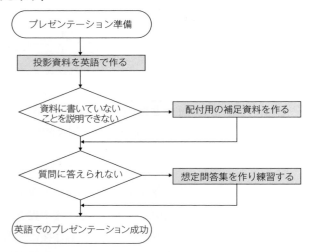

解説図 8.6　英語でのプレゼンテーションを成功させるための PDPC の例

9. 統計的方法の基礎

　ある工場で生産している機械部品の寸法 x (mm) は正規分布 $N(24.5, 0.4^2)$ に従っている．なお，解答にあたって必要であれば正規分布表を用いよ．

問 46

　寸法 x が 25.0 (mm) 以上となる確率は約何％か．もっとも適切なものをひとつ選べ．

　　ア．0.1%
　　イ．1.3%
　　ウ．5.5%
　　エ．10.6%

問 47

　寸法 x が 24.1 (mm) から 24.3 (mm) の間となる確率は約何％か．もっとも適切なものをひとつ選べ．

　　ア．0.2%
　　イ．5.5%
　　ウ．15.0%
　　エ．30.9%

問 48

　寸法 x が a 以上になる確率が 5% のとき，a の値としてもっとも近いものをひとつ選べ．

ア．24.519
イ．25.158
ウ．25.284
エ．25.530

解説

　この問題は，統計的方法の基礎について，正規分布を用いて寸法 x の確率分布の確率を求める方法を問うものである．

　正規分布は，特性値が長さや重さなどの連続量で表すことができる計量値の代表的な分布であり，左右対称の釣り鐘型の分布をしている．また正規分布は，製造現場をはじめ測定したデータの分布の多くがこの形に従うことから，品質管理において非常に重要な分布とされている．

　本問では，**解説表 9.1** に示す正規分布表による確率の求め方を理解しているかどうかがポイントである．

解答

問46　エ　　問47　ウ　　問48　イ

問46

　この設問は，与えられた寸法 x を標準正規分布 $N(0, 1^2)$ に変換し，**解説表 9.1** の正規分布表を用いて確率を求めることになる．寸法 x が正規分布 $N(\mu, \sigma^2)$ に従うとき，

$$K_P = \frac{a - \mu}{\sigma}$$

とおくと x を標準正規分布 $N(0, 1^2)$ に変換することができる．これを規準化

解説表 9.1　正規分布表

正規分布表

(I) K_P から P を求める表

K_P	*=0	1	2	3	4	5	6	7	8	9
0.0 *	**.5000**	.4960	.4920	.4880	.4840	**.4801**	.4761	.4721	.4681	.4641
0.1 *	**.4602**	.4562	.4522	.4483	.4443	**.4404**	.4364	.4325	.4286	.4247
0.2 *	**.4207**	.4168	.4129	.4090	.4052	**.4013**	.3974	.3936	.3897	.3859
0.3 *	**.3821**	.3783	.3745	.3707	.3669	**.3632**	.3594	.3557	.3520	.3483
0.4 *	**.3446**	.3409	.3372	.3336	.3300	**.3264**	.3228	.3192	.3156	.3121
0.5 *	**.3085**	.3050	.3015	.2981	.2946	**.2912**	.2877	.2843	.2810	.2776
0.6 *	**.2743**	.2709	.2676	.2643	.2611	**.2578**	.2546	.2514	.2483	.2451
0.7 *	**.2420**	.2389	.2358	.2327	.2296	**.2266**	.2236	.2206	.2177	.2148
0.8 *	**.2119**	.2090	.2061	.2033	.2005	**.1977**	.1949	.1922	.1894	.1867
0.9 *	**.1841**	.1814	.1788	.1762	.1736	**.1711**	.1685	.1660	.1635	.1611
1.0 *	**.1587**	.1562	.1539	.1515	.1492	**.1469**	.1446	.1423	.1401	.1379
1.1 *	**.1357**	.1335	.1314	.1292	.1271	**.1251**	.1230	.1210	.1190	.1170
1.2 *	**.1151**	.1131	.1112	.1093	.1075	**.1056**	.1038	.1020	.1003	.0985
1.3 *	**.0968**	.0951	.0934	.0918	.0901	**.0885**	.0869	.0853	.0838	.0823
1.4 *	**.0808**	.0793	.0778	.0764	.0749	**.0735**	.0721	.0708	.0694	.0681
1.5 *	**.0668**	.0655	.0643	.0630	.0618	**.0606**	.0594	.0582	.0571	.0559
1.6 *	**.0548**	.0537	.0526	.0516	.0505	**.0495**	.0485	.0475	.0465	.0455
1.7 *	**.0446**	.0436	.0427	.0418	.0409	**.0401**	.0392	.0384	.0375	.0367
1.8 *	**.0359**	.0351	.0344	.0336	.0329	**.0322**	.0314	.0307	.0301	.0294
1.9 *	**.0287**	.0281	.0274	.0268	.0262	**.0256**	.0250	.0244	.0239	.0233
2.0 *	**.0228**	.0222	.0217	.0212	.0207	**.0202**	.0197	.0192	.0188	.0183
2.1 *	**.0179**	.0174	.0170	.0166	.0162	**.0158**	.0154	.0150	.0146	.0143
2.2 *	**.0139**	.0136	.0132	.0129	.0125	**.0122**	.0119	.0116	.0113	.0110
2.3 *	**.0107**	.0104	.0102	.0099	.0096	**.0094**	.0091	.0089	.0087	.0084
2.4 *	**.0082**	.0080	.0078	.0075	.0073	**.0071**	.0069	.0068	.0066	.0064
2.5 *	**.0062**	.0060	.0059	.0057	.0055	**.0054**	.0052	.0051	.0049	.0048
2.6 *	**.0047**	.0045	.0044	.0043	.0041	**.0040**	.0039	.0038	.0037	.0036
2.7 *	**.0035**	.0034	.0033	.0032	.0031	**.0030**	.0029	.0028	.0027	.0026
2.8 *	**.0026**	.0025	.0024	.0023	.0023	**.0022**	.0021	.0021	.0020	.0019
2.9 *	**.0019**	.0018	.0018	.0017	.0016	**.0016**	.0015	.0015	.0014	.0014
3.0 *	**.0013**	.0013	.0013	.0012	.0012	**.0011**	.0011	.0011	.0010	.0010
3.5	.2326E-3									
4.0	.3167E-4									
4.5	.3398E-5									
5.0	.2867E-6									
5.5	.1899E-7									

(II) P から K_P を求める表

P	.001	.005	0.01	.025	.05	.1	.2	.3	.4
K_P	3.090	2.576	2.326	1.960	1.645	1.282	.842	.524	.253

(III) P から K_P を求める表

P	*=0	1	2	3	4	5	6	7	8	9
0.00 *	∞	3.090	2.878	2.748	2.652	**2.576**	2.512	2.457	2.409	2.366
0.0 *	∞	2.326	2.054	1.881	1.751	**1.645**	1.555	1.476	1.405	1.341
0.1 *	**1.282**	1.227	1.175	1.126	1.080	**1.036**	.994	.954	.915	.878
0.2 *	**.842**	.806	.772	.739	.706	**.674**	.643	.613	.583	.553
0.3 *	**.524**	.496	.468	.440	.412	**.385**	.358	.332	.305	.279
0.4 *	**.253**	.228	.202	.176	.151	**.126**	.100	.075	.050	.025

または標準化という．ここに，μ は x の母平均，σ は x の母標準偏差である（**解説図 9.1**）．

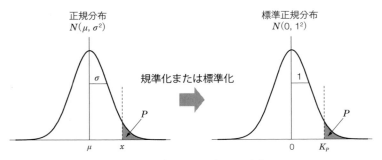

解説図 9.1 正規分布の規準化

寸法 x は 25.0（mm），正規分布が $N(24.5, 0.4^2)$ より K_P の値は，

$$K_P = \frac{x - \mu}{\sigma} = \frac{25.0 - 24.5}{0.4} = 1.25$$

となり（**解説図 9.2**），この $K_P \geqq 1.25$ となる確率は，**解説表 9.1** の正規分布表を用いて求めることができる．**解説表 9.1** の「（Ⅰ）K_P から P を求める表」は，縦軸に小数点第 1 位までの数字，横軸に小数点第 2 位の数字が示されている．本問の場合は $K_P = 1.25$ なので，**解説表 9.2** に示すように，縦軸は $K_P = 1.2$ の行を，横軸は 5 の列を探してその交点の値を読めばよいので，$P = 0.1056$ となる．したがって，$x \geqq 25.0$ となる確率は 0.1056（10.56%）とな

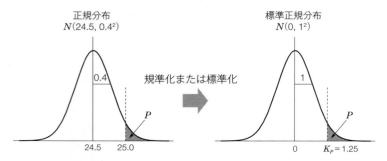

解説図 9.2 寸法が 25.0（mm）以上となる確率

る．よって，正解はエである．なお，表では，確率の値 K_P の最初の 0 が省略されているので，次のように，表から読み取った値に 0 をつけることを忘れないこと．

$$.1056 \rightarrow 0.1056$$

解説表 9.2 正規分布表の使い方

（Ⅰ） K_P から P を求める表

K_P	*=0	1	2	3	4	5
0.0 *	.5000	.4960	.4920	.4880	.4840	.4801
0.1 *	.4602	.4562	.4522	.4483	.4443	.4404
0.2 *	.4207	.4168	.4129	.4090	.4052	.4013
0.3 *	.3821	.3783	.3745	.3707	.3669	.3632
0.4 *	.3446	.3409	.3372	.3336	.3300	.3264
0.5 *	.3085	.3050	.3015	.2981	.2946	.2912
0.6 *	.2743	.2709	.2676	.2643	.2611	.2578
0.7 *	.2420	.2389	.2358	.2327	.2296	.2266
0.8 *	.2119	.2090	.2061	.2033	.2005	.1977
0.9 *	.1841	.1814	.1788	.1762	.1736	.1711
1.0 *	.1587	.1562	.1539	.1515	.1492	.1469
1.1 *	.1357	.1335	.1314	.1292	.1271	.1251
1.2 *	.1151	.1131	.1112	.1093	.1075	.1056
1.3 *	.0968	.0951	.0934	.0918	.0901	.0885
1.4 *	.0808	.0793	.0778	.0764	.0749	.0735
1.5 *	.0668	.0655	.0643	.0630	.0618	.0606

問 47

寸法 $x = 24.3$（mm）のとき，K_P の値は，

$$K_P = \frac{x - \mu}{\sigma} = \frac{24.3 - 24.5}{0.4} = -0.5$$

となる（**解説図 9.3**）．標準正規分布 $N(0, 1^2)$ は，0 を中心に左右対称の分布であるから，$K_P \leqq -0.5$ の確率は $K_P \geqq 0.5$ の確率と等しいので，マイナスの記号を取った K_P の確率の値を読む．よって，**問 46** の正規分布表からの求め方と同様にして，**解説表 9.1** より $P = 0.3085$ が得られる．また同様に，寸法 $x = 24.1$（mm）のとき，K_P の値は，

$$K_P = \frac{x - \mu}{\sigma} = \frac{24.1 - 24.5}{0.4} = -1.0$$

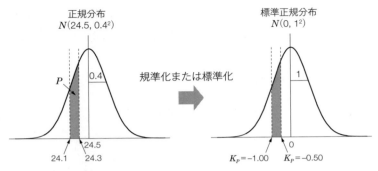

解説図 9.3 寸法が 24.1（mm）から 24.3（mm）の間となる確率

となり（**解説図 9.3**），$K_P \leq -1.0$ の確率は**解説表 9.1** より $P = 0.1587$ が得られる．したがって，$24.1 \leq x \leq 24.3$ となる確率は，x が 24.3 以下となる確率 0.3085 から x が 24.1 以下となる確率 0.1587 を引いた

$$P = 0.3085 - 0.1587 = 0.1498 \text{（14.98\%）}$$

となる．よって，正解はウである．

問 48

この設問では，条件に合う K_P の値を求め，次に規準化の式を逆に使って，寸法 x の値を求めることになる．

寸法 x が a 以上になる確率が 5% であるので，**解説表 9.1** の「（Ⅱ）P から K_P を求める表」より K_P の値を求めることができる．この「（Ⅱ）P から K_P を求める表」は，縦軸に K_P の値，横軸に P の値が示されている．本問の場合は $P = 0.05$ なので，**解説表 9.3** に示すように，横軸 .05 の列より，$K_P = 1.645$ となる．したがって K_P は，$K_P = \dfrac{a - \mu}{\sigma}$ なので，求める寸法 x，すなわち a の値は，

解説表 9.3 正規分布表の使い方

（Ⅱ）P から K_P を求める表

P	.001	.005	0.01	.025	.05	.1	.2	.3	.4
K_P	3.090	2.576	2.326	1.960	1.645	1.282	.842	.524	.253

$$K_P = \frac{a-\mu}{\sigma} \quad \rightarrow \quad a = K_P \times \sigma + \mu = 1.645 \times 0.4 + 24.5 = 25.158$$

となる(**解説図 9.4**).よって,正解はイである.

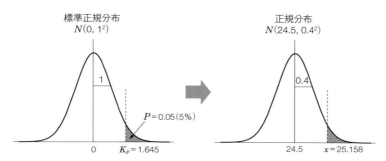

解説図 9.4 確率が 5% になるときの寸法 x(mm)の値

引用・参考文献

1) 久保田洋志編(2015):品質管理の演習問題と解答[手法編]QC 検定試験 3 級対応,pp.94–97,pp.236–237,日本規格協会
2) 仲野彰(2015):2015 年改定レベル表対応 品質管理検定教科書 QC 検定 3 級,pp.228–236,日本規格協会
3) 仁科健監修(2022):過去問で学ぶ QC 検定 3 級 2023 年版,pp.248–251,日本規格協会

10. 相関分析

ある製品の重要特性である粘度 y のばらつきが大きく不安定なため，その原因を解析することになった．そこで，特性要因図から得られた技術的に重要要因と考えられる溶剤量 x に着目し，x と y との相関関係を調べるために，30組の対応のあるデータを取った結果，表1のデータを得た．なお，このデータを用いて散布図を描いたところ，全体の点のちらばりから異常点（飛び離れた点）はなかった．

表1．データ表（および計算補助表）

No.	溶剤量 x	粘度 y	x^2	y^2	xy
1	24.1	45.0	580.81	2025.00	1084.50
2	25.6	46.2	655.36	2134.44	1182.72
⋮	⋮	⋮	⋮	⋮	⋮
30	23.9	45.1	571.21	2034.01	1077.89
計	720.6	1357.2	17438.62	61477.26	32683.80

問49

表1のデータから溶剤量 x の偏差平方和 S_{xx} と粘度 y の偏差平方和 S_{yy} を計算すると $S_{xx} = 129.808$，$S_{yy} = 77.532$ となった．相関係数 r の計算に必要な x と y の偏差積和 S_{xy} を求めるといくらか．もっとも適切なものをひとつ選べ．

ア．83.856
イ．198.393
ウ．1537.498
エ．1638.382

問50

表1のデータから溶剤量 x と粘度 y には直線的な関係があるかどうかを調べるために，相関係数 r を求めるといくらか．もっとも適切なものをひとつ選べ．

ア．-0.836
イ．0.646
ウ．0.836
エ．0.925

問51

（問50とは関係なく）もし，表1のように，対応のあるデータから相関係数 $r = 0.90$ が求まったとしたら，x と y との関係はどのように判断したらよいか．もっとも適切なものをひとつ選べ．

ア．正の相関がある．
イ．負の相関がある．
ウ．負の相関がありそうだ．
エ．相関がない．

解説

この問題は，製品の特性 y と，その特性値をばらつかせる原因の一つである要因 x との関係について，収集した対応のあるデータ (x_i, y_i) を示し，そのデータから要因 x に対する特性 y との相関関係を判断する相関分析の方法を問うものである．

相関分析は，この問題のように x と y との対になったデータ (x_i, y_i) につい

て，まず QC 七つ道具の一つである散布図を描き，x と y との概略的な傾向，および全体の点のちらばりから異常点がないことを確認し，x と y の相関関係，すなわち x と y に直線的な関係があるかどうかを解析するものであり，その相関の強さを数量的に表す統計量に相関係数 r がある．

相関係数 r は式(1)で求めることができ，測定の原点・単位によらない無次元の量であり，$-1 \sim +1$ までの値をとる（$-1 \leqq r \leqq 1$）．絶対値が 1 に近いほど x と y との間の直線性がよくなり，$+1$ に近いほど正の相関が強く，-1 に近いほど負の相関が強くなる．逆に 0 に近いほど相関はない．また，$r=+1, r=-1$ のときはデータ (x_i, y_i) が直線の上にすべてのっている状態である．

データ (x_i, y_i) のちらばり状態に伴う相関係数 r の変化を散布図上で示すと**解説図 10.1** のようになる．

$$相関係数\ r = \frac{S_{xy}}{\sqrt{S_{xx}S_{yy}}} \tag{1}$$

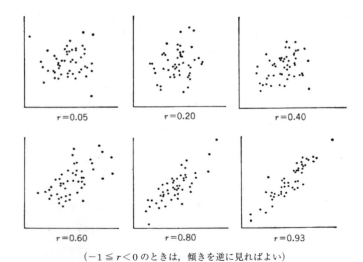

（$-1 \leqq r < 0$ のときは，傾きを逆に見ればよい）

解説図 10.1　相関係数 r の変化（$0 < r \leqq +1$ の場合）
出典　森口繁一（2010）：新編 統計的方法 改訂版，日本規格協会

ここに，

$$x\text{の偏差平方和 } S_{xx} = \sum(x_i - \bar{x})^2 = \sum x_i^2 - \frac{(\sum x_i)^2}{n}$$

$$y\text{の偏差平方和 } S_{yy} = \sum(y_i - \bar{y})^2 = \sum y_i^2 - \frac{(\sum y_i)^2}{n}$$

$$x\text{と}y\text{の偏差積和 } S_{xy} = \sum(x_i - \bar{x})(y_i - \bar{y}) = \sum x_i y_i - \frac{(\sum x_i)(\sum y_i)}{n}$$

これらの式は，設問では与えられていないのが普通なので，式は理解して覚えておく必要がある．なお，相関係数 r は，小数 2 けたか 3 けたで示すことが多い．

本問では，設問のデータをもとに，相関係数 r による判断を中心とした相関分析の方法を理解しているかどうかがポイントである．

解答

問49 ア　　**問50** ウ　　**問51** ア

問49

表 1 のデータ表を用いて相関係数 r の計算に必要な x と y の偏差積和 S_{xy} を求めると，

$$S_{xy} = \sum x_i y_i - \frac{(\sum x_i)(\sum y_i)}{n}$$

$$= 32683.80 - \frac{720.6 \times 1357.2}{30} = 83.856$$

となる．よって，正解はアである．

参考に，x の偏差平方和 S_{xx} と y の偏差平方和 S_{yy} の計算結果を次に示す．

$$S_{xx} = \sum x_i^2 - \frac{(\sum x_i)^2}{n} = 17438.62 - \frac{720.6^2}{30} = 129.808$$

$$S_{yy} = \sum y_i^2 - \frac{(\sum y_i)^2}{n} = 61477.26 - \frac{1357.2^2}{30} = 77.532$$

問 50

問 49 で得られた x と y の偏差積和 S_{xy} を用いて相関係数 r を求めると，

$$r = \frac{S_{xy}}{\sqrt{S_{xx}S_{yy}}} = \frac{83.856}{\sqrt{129.808 \times 77.532}} = 0.836$$

となる．よって，正解はウである．

問 51

相関係数は $r = 0.90$ なので，相関関係は $0 < r \leq +1$ により正の相関があると判断できる．よって，正解はアである．

この相関係数 $r = 0.90$ により，x と y の両者には強い相関関係があり，x が大きくなるに従って y が直線的に大きくなることがわかる．また，x が要因で y が品質特性の場合には，x のばらつきが小さくなるように管理すれば y のばらつきも小さく管理できることがわかる．

引用・参考文献

1) 仲野彰(2015)：2015 年改定レベル表対応 品質管理検定教科書 QC 検定 3 級，pp.185–186，日本規格協会

3級

第2章

実践編

11. QC的ものの見方・考え方 (1)

　企業にとって発生した問題への対処は重要な課題である．その対処方法のひとつである是正処置は一般的に以下の手順によって行われる．
　手順1　市場または工程の異常内容の情報を A し，分析する．
　手順2　事実によるデータで， B を特定する．
　手順3　適切な C を実施する．
　手順4　効果の D を確認し，不十分な場合は手順2に戻る．

問52
手順1の A に入る用語としてもっとも適切なものをひとつ選べ．

　ア．提供
　イ．対策
　ウ．特定
　エ．収集

問53
手順2の B に入る用語としてもっとも適切なものをひとつ選べ．

　ア．原因
　イ．対策
　ウ．クレーム
　エ．責任者

問54

手順3の C に入る用語としてもっとも適切なものをひとつ選べ．

ア．原因
イ．対策
ウ．特定
エ．有効性

問55

手順4の D に入る用語としてもっとも適切なものをひとつ選べ．

ア．原因
イ．対策
ウ．特定
エ．有効性

解説

　この問題は，品質管理における基本的な考え方の，是正処置について問うものである．

　是正処置とは，「不適合の原因を除去し，再発を防止するための処置」（JIS Q 9000）のことで，検出された製品の不適合品やプロセスなどで見つかった問題に対して，その原因について要因を深く掘り下げる必要がある．また，是正処置との対比的なものに予防処置がある．

　予防処置とは，「起こり得る不適合又はその他の起こり得る望ましくない状況の原因を除去するための処置」（JIS Q 9000）のことで，現状製品やプロセスにおいて問題は発生していないが，類似の製品やプロセスなどで発生してい

て，放置すると将来起こる可能性のある問題に対して，発生しないように予防の処置をとることである．

本問では，是正処置の一般的手順について理解しているかどうかがポイントである．

解答

【問】52 エ 　【問】53 ア 　【問】54 イ 　【問】55 エ

【問】52

是正処置を行う目的は，市場または工程の異常が発生した場合に，見つかった問題に対する原因は何かを深く掘り下げて，原因を除去し再発を防止することにある．それには事実に基づいた原因の特定が必要であり，そのために，問題となっている市場または工程のクレームなど異常内容の情報を収集し，分析する．特定は事実に基づいた原因を突き止めるときに使われる用語であり，対策は原因を特定した後に原因を除去するために行われる．よって，正解はエである．

【問】53

市場または工程の異常内容の情報を収集・分析し，得られた事実に基づくデータで原因を特定することになる．原因を特定した後に対策の実施や責任者が決定され，クレームは市場または工程の異常情報の一部である．よって，正解はアである．

【問】54

異常内容の情報より原因を特定した後に，適切な対策を検討し，その対策を実施することになる．原因と特定は，**問 52**，**問 53** の解説に示してある．有効性は対策を行った後の効果検証時の視点である．よって，正解はイである．

問55

　原因に対して対策を実施した結果，その有効性を確認し，効果が不十分な場合には，手順2に戻り，事実によるデータをさらに深掘りして原因を特定し，対策を行う必要がある．原因，対策，特定は，**問52**，**問53**，**問54**の解説に示したとおりである．よって，正解はエである．

　是正処置を行った後に，類似の製品やプロセスにおいて同じような対策を適用し，同様な不適合を発生しないようにすることも重要である．このように，得られた知識などを類似の製品やプロセスに対して適用することを水平展開といい，是正処置の効果をより有効に活用するためにも必要な活動である．

引用・参考文献

1) 吉澤正編(2004)：クォリティマネジメント用語辞典，p.306，p.525，日本規格協会
2) JISハンドブック57　品質管理　2018，pp.503–504，日本規格協会
3) 仲野彰(2015)：2015年改定レベル表対応　品質管理検定教科書QC検定3級，p.59，日本規格協会
4) 仁科健監修(2021)：品質管理の演習問題と解答［実践編］QC検定試験3級対応，pp.176–177，日本規格協会

12. QC的ものの見方・考え方（2）

問56

問題が発生したときに，設備や作業方法などに対して原因を調査し，その発生原因を取り除き，今後同じ原因で問題が発生しないように歯止めを行う活動を何というか．もっとも適切なものをひとつ選べ．

　ア．暫定対策
　イ．未然防止
　ウ．再発防止
　エ．予防処置

問57

将来発生する可能性のある不適合や不具合，またはその他で望ましくない状況を引き起こすと考えられる潜在的な原因を取り除く活動を何というか．もっとも適切なものをひとつ選べ．

　ア．暫定対策
　イ．未然防止
　ウ．恒久対策
　エ．是正処置

問58

問題の未然防止活動には2つの処置がある．ひとつは，問題発生を事前に防ぐ処置だが，もうひとつの処置は何か．もっとも適切なものをひとつ選べ．

ア．問題が発生しても致命的な影響を引き起こさないようにする．
イ．問題解決チームを編成し，緊急で着手すべき対策を実施する．
ウ．問題に対して恒久処置を行う．
エ．発生した問題が二度と起こらないようにする．

問59

問題の未然防止活動を進めるためには，発生が予想される問題を洗い出す必要がある．自職場や自社製品の弱さを知っておくことも有効である．この活動を進めるうえで必要な行為としてもっとも適切なものをひとつ選べ．

ア．なぜなぜ分析のトレーニングを実施する．
イ．見える化や標準化を推進する．
ウ．QC ストーリーに基づいた問題解決を実施する．
エ．失敗事例を総合的に分析する．

解説

この問題は，QC 的ものの見方・考え方の，再発防止と未然防止について問うものである．

再発防止とは，「問題の原因又は原因の影響を除去して，再発しないようにする処置．参考：再発防止には是正処置，予防処置が含まれる」(JIS Q 9024) のことで，問題が発生したときにプロセスや仕事の仕組みにおける原因を調査して取り除き，今後二度と同じ原因で問題が発生しないように歯止めを行うことである．再発防止は，原因除去策や恒久対策ともいう．また，再発防止の対比的なものに未然防止がある．

未然防止とは，「類似の製品やプロセスにおいて問題が発生した場合に，同様の原因で同類の不適合品や不適合（欠点など）の発生する危険性がないかを

検討し，その原因を取り除き未然に予防する処置」をいう．さらに進んで，いまだに経験していないことを予測し，事前に対応することを予測予防という．

本問では，再発防止と未然防止を理解しているかどうかがポイントである．

解答

問56 ウ　　**問57** イ　　**問58** ア　　**問59** エ

問56

問題文より「問題が発生したとき」とあるので，暫定対策か再発防止に絞られる．問題文を読み進めると「問題が発生しないように歯止めを行う」とあるので，再発防止の説明であることがわかる．暫定対策は，問題が発生した際に，原因がわからなくても当面の現象を解消するための対処のことをいう．よって，正解はウである．

問57

問題文より「将来発生する可能性のある不適合や不具合，またはその他で望ましくない状況を引き起こすと考えられる潜在的な原因を取り除く活動」とあるので，未然防止の説明である．暫定対策，恒久対策，是正処置は再発防止に関連するものである．よって，正解はイである．

問58

未然防止の目的は，問題を事前に予測し，その原因を取り除き未然に予防することにある．そのための処置は，問題発生を事前に防ぐ以外に，問題が発生したとしても致命的な影響を引き起こさないようにする処置も含まれる．なお，選択肢のイは暫定対策の説明であり，選択肢のウとエは再発防止の説明である．よって，正解はアである．

問59

　自職場や自社製品の弱みを知るためには，失敗事例を総合的に分析することが有効である．選択肢のアとウは問題に対してその原因を追究するのに有効であり，選択肢のイは未然防止とは直接には関係ない．よって，正解はエである．

引用・参考文献

1) 仁科健監修(2021)：品質管理の演習問題と解答［実践編］QC 検定試験 3 級対応, pp.176–177, 日本規格協会
2) 吉澤正編(2004)：クォリティマネジメント用語辞典, p.210, pp.504–505, 日本規格協会
3) JIS ハンドブック 57　品質管理　2018, p.1110, 日本規格協会
4) 仲野彰(2015)：2015 年改定レベル表対応　品質管理検定教科書 QC 検定 3 級, p.59, 日本規格協会

13. 品質の概念

　競合しているカメラメーカーのX社とY社は，ある時期の商戦で互いに新製品を販売した．X社のカメラは，製造部門において複雑な加工を必要とするが，写りの良さにこだわった新製品である．一方，Y社のカメラは，画質はX社より劣るが，携帯性を重視した軽量な新製品である．X社とY社は，新製品の販売直後に，購入者への顧客満足度の調査，アフターサービス情報の収集，調査会社による競合製品比較などを実施し，自社製品が市場でどのように評価されているか，また今後どのように対処するかについてまとめた．

〔X社のまとめ〕
① 画像の良さはY社のカメラより高く評価されたが，内蔵した材料・部品の加工作業による不具合に対する修理が目立った．不具合による修理は問題である．この問題 (A) は設計で定めた品質に対して提供した製品やサービスの合致の程度が低かったからと思われる．
② 上記の問題を解決するために原因を追究し，品質 (B) を実現できるように作業標準などを改訂して，作業者の教育・訓練を実施する必要がある．また，製造部門が製造しやすい設計にするために，品質 (B) に関する情報を設計部門へフィードバックし，その情報を設計に反映する必要がある．

〔Y社のまとめ〕
③ 持ち運びやすさはX社のカメラより高く評価されたが，X社と同じくらい写りの良いカメラの要望が多数あった．製造部門が設計で定めた製品やサービスを完全に実現しても，顧客のニーズと製品の品質要素，品質水準等とが，完全には合致しなかったため，顧客から「良い写りのカメラ」という要望が出たと思われる．この課題を解決するためには，品質 (C) の設定方法を改善する必要がある．

「良い写りのカメラ」という抽象的な顧客のニーズを，具体的に測定できる画質の解像度，感度，ノイズ (D) などに変換する仕組みを改善して，顧客のニーズを的確に実現できるようにする必要がある．

問60

下線部（A）は何の問題か．もっとも適切なものをひとつ選べ．

ア．見ばえ
イ．ねらい
ウ．製造品質
エ．設計品質

問61

下線部（B）でいう品質は何か．もっとも適切なものをひとつ選べ．

ア．見ばえ
イ．ねらい
ウ．できばえ
エ．外観

問62

下線部（C）でいう品質は何か．もっとも適切なものをひとつ選べ．

ア．見ばえ
イ．ねらい
ウ．できばえ
エ．外観

問63
下線部(D)のような具体的な性質のことを何というか．もっとも適切なものをひとつ選べ．

ア．品質特性
イ．技術標準
ウ．要求品質
エ．製造品質

解説

　この問題は，品質の概念について，品質のさまざまな側面からの考え方を問うものである．

　品質要素が明確になり，製造の目標としてねらった品質を「設計品質」もしくは「ねらいの品質」という．設計品質を実現すべく製造した製品の実際の品質を「製造品質」または「できばえの品質」といい，設計品質にどの程度合致しているかを示す意味で「適合の品質」ということもある．

　製品やプロセスなどに本来備わっている特性を「品質特性」という．品質特性には，自動車の速度など定量的に評価できるものと，乗り心地など人の感覚などによって定性的に評価されるものがある．また要求される品質特性を直接測定することが困難な場合には，その代用として当該品質特性と関係の強い他の品質特性を用いて測定する場合がある．この代用される品質特性のことを「代用特性」という．

　本問では，ねらいの品質，できばえの品質，品質特性について理解しているかどうかがポイントである．

解答

問60 ウ　　問61 ウ　　問62 イ　　問63 ア

問60

下線部（A）に関連する問題文の「設計で定めた品質に対して提供した製品やサービスの合致の程度が低かったからと思われる」により，設計品質を忠実に製造した実際の品質が問われているので，製造品質となる．よって，正解はウである．

問題文より，対象が内蔵した材料・部品とあるので，見ばえの問題ではない．また，ねらいと設計品質は，製造の目標としてねらった品質のことである．

問61

X社のまとめの①の問題を解決するためには，原因を追究して製造品質を実現できるようにする必要がある．このことから，製造品質の別の呼び方を聞かれているので，できばえとなる．その他の選択肢の見ばえ，ねらい，外観はともに①の問題解決には適切ではない．よって，正解はウである．

問62

Y社のまとめの③において，「顧客のニーズと製品の品質要素，品質水準等とが，完全には合致していなかったため，顧客から「良い写りのカメラ」という要望が出た」ことから，製造の目標としてねらった品質にずれがあったことがわかる．この課題の解決には，ねらいの品質およびその設定方法を改善する必要がある．よって，正解はイである．

問63

具体的に測定できる画質の解像度，感度，ノイズのように，製品に本来備わ

っている特性は，品質特性である．よって，正解はアである．

　誤解答である選択肢について，技術標準は，ある技術に関してルールや規則などを取り決めた標準の総括であり，要求品質は，製品に対する要求事項の中で，品質に関するものをいう．

引用・参考文献

1) 仁科健監修(2021)：品質管理の演習問題と解答［実践編］QC検定試験3級対応，pp.190–191，日本規格協会
2) 仲野彰(2015)：2015年改定レベル表対応 品質管理検定教科書 QC検定3級，pp.36–37，日本規格協会
3) 吉澤正編(2004)：クォリティマネジメント用語辞典，p.298，pp.307–308，p.445，p.522，日本規格協会

14. 管理の方法（1）

　現場は生き物とよく言われるが，作業者が変わった，作業標準を守らなかった，守れなかった，材料ロットの変わり目にいつもと違うことが起こった，機械の性能が低下した (A) など，プロセスに変化が発生し，結果として製品品質などが通常と異なる状況となった場合のその原因を異常原因と呼ぶ．
　異常原因は，その発生の型によって系統的異常原因，散発的異常原因，慢性的異常原因の3つに分類 (B) できる．異常原因があれば管理図で点が管理限界線の外に出たり，点の並び方にくせが現れたりするので直ちにプロセスを調査し，その異常原因を取り除くとともに，それを引き起こした根本原因を見つけ出さなければならない．

問64

　下線部（A）において，これらの事象の全体にもっとも関係の深い用語をひとつ選べ．

　　ア．二項分布
　　イ．3シグマ限界
　　ウ．5S
　　エ．4M

問65

　下線部（B）において，系統的異常原因に関する記述として，もっとも適切なものをひとつ選べ．

　　ア．現場管理上あるいは管理外の問題（作業員の製品や部品の取扱い不注

意，作業員の疲労，大気温度の変化の影響等）であることが多く，規則性がないと思われる原因
イ．技術力不足や工程管理能力不足等で現状再発防止が取られていないため，異常が継続している原因
ウ．規則性，周期性をもっているようであるが，それが把握できていないために現状は瞬間的に起こっているように見える原因

問66

下線部（B）において，散発的異常原因に関する記述として，もっとも適切なものをひとつ選べ．

ア．現場管理上あるいは管理外の問題（作業員の製品や部品の取扱い不注意，作業員の疲労，大気温度の変化の影響等）であることが多く，規則性がないと思われる原因
イ．技術力不足や工程管理能力不足等で現状再発防止が取られていないため，異常が継続している原因
ウ．規則性，周期性をもっているようであるが，それが把握できていないために現状は瞬間的に起こっているように見える原因

問67

下線部（B）において，慢性的異常原因に関する記述として，もっとも適切なものをひとつ選べ．

ア．現場管理上あるいは管理外の問題（作業員の製品や部品の取扱い不注意，作業員の疲労，大気温度の変化の影響等）であることが多く，規則性がないと思われる原因
イ．技術力不足や工程管理能力不足等で現状再発防止が取られていないため，異常が継続している原因

ウ．規則性，周期性をもっているようであるが，それが把握できていないために現状は瞬間的に起こっているように見える原因

解説

この問題は，QC的ものの見方・考え方の，製造工程に対しての要因と原因について問うものである．

要因とは，「ある現象を引き起こす可能性のあるもの」（JIS Q 9024）のことで，データのばらつきや変化をもたらす事柄の総称をいう．データがばらつく原因には偶然原因と異常原因がある．偶然原因は，標準作業に従って同じ作業を行っても発生するばらつきを引き起こし，現在の技術や標準では抑えられない原因である．それに対し異常原因は，標準が守られていなかったり，標準自体に不備があるなどによって，結果に異常を引き起こす原因である．

異常原因は，発生の型によって，系統的異常原因，散発的異常原因，慢性的異常原因の3つに分類できる．

① 系統的異常原因：例えばにわかに水準が高くなり，下がらないなど系統的に起こるように見える原因（突然変異的問題，漸増的問題）
② 散発的異常原因：ときたま発生するなど規則性がないと思われる原因（あるときだけ急に悪くなった問題）
③ 慢性的異常原因：目標値までなかなか達していないなど現状再発防止がとられていない原因（いつも悪い，最初から悪い問題）

管理や改善活動においては，生産の4M（人，機械・設備，原材料，方法）や5M（4Mに計測を加えたもの）が品質に影響を及ぼす要素であると考えられるため，何か品質問題が発生し，データを取る必要がある場合，一般的にこの4Mや5Mの観点から原因を追究することが多い．

本問では，製造工程の管理・改善で必要な要因と原因について理解しているかどうかがポイントである．

解答

問64 エ　**問65** ウ　**問66** ア　**問67** イ

問64

下線部（A）に関連が深い用語は，人（Man），機械・設備（Machine），原材料（Material），方法（Method）の生産の4Mである．よって，正解はエである．

誤解答である選択肢について，二項分布は計数値データのサンプル中の不適合品数の確率分布であり，3シグマ限界はシューハート管理図に用いる統計量の標準偏差の3倍の幅をもつ管理限界である．5Sは職場の管理の前提となる整理，整頓，清掃，清潔，しつけ（躾）について日本語ローマ字表記で頭文字をとったものである．

問65

系統的異常原因は，にわかに水準が高くなり，下がらないなど系統的に起こるように見える原因（突然変異的問題，漸増的問題）をいう．なお，選択肢のアは散発的異常原因，選択肢のイは慢性的異常原因に関するそれぞれの記述である．よって，正解はウである．

問66

散発的異常原因は，ときたま発生するなど規則性がないと思われる原因（あるときだけ急に悪くなった問題）をいう．なお，選択肢のイとウは**問65**の解説のとおり慢性的異常原因と系統的異常原因に関する記述である．よって，正解はアである．

問67

慢性的異常原因は，目標値までなかなか達していないなど現状再発防止がと

られていない原因（いつも悪い，最初から悪い問題）をいう．なお，選択肢のアとウは**問65**の解説のとおり散発的異常原因と系統的異常原因に関する記述である．よって，正解はイである．

引用・参考文献

1) JISハンドブック57　品質管理　2018, p.1110, 日本規格協会
2) 吉澤正編(2004)：クォリティマネジメント用語辞典, p.522, 日本規格協会
3) 仲野彰(2015)：2015年改定レベル表対応　品質管理検定教科書QC検定3級, pp.57–59, 日本規格協会
4) 品質管理検定運営委員会(2023)：品質管理検定（QC検定）4級の手引き, Ver.3.2, p.31, 日本規格協会

15. 管理の方法（2）

　金属棒の外径を旋削加工する工程の担当者Xと課長Yの問題解決に関する会話を次に示す．なお，この工場では，加工は早番と遅番の2つのチームが交代で作業している．

担当者X：加工の次に組立てを担当する後工程のリーダーから，"昨日の遅番勤務時から製品を組み立てる際，S部品が挿入できないものがあり困っている．S部品の外径に問題がありそうなので至急対処してほしい"との連絡が今朝ありました．そこで，問題発生の作業工程は停止させ，問題の現品は識別し，別管理としています．

課　長Y：そうか．確かS部品の外径は2台の旋削機（1号機・2号機）を同時に使い加工を行っていたはずだな．

担当者X：そうです．早速，昨日加工してまだ組み立てていないS部品からサンプリングし，外径の測定データを取り，QC七つ道具 (A) を用いて確認してみました．その結果，分布の形は二山型であり，そのばらつきの幅は規格より大きな状況でした．

課　長Y：なるほど．これは状況をさらに確認する必要があるな．

担当者X：はい．そう考え，機械ごとに分けて (B) 分布を確認しなおしたところ，両機械とも分布の形はほぼ左右対称で，きれいな型 (C) になりました．工程能力は，1号機の C_p は1.34で C_{pk} が0.68，2号機の C_p は1.41で C_{pk} が1.36という結果でした．

課　長Y：そうか．旋削機による問題の有無 (D) がわかったな．その問題の原因は，多くのS部品の外径寸法が規格の中心近辺にない (E) ためだと考えられるな．確か，この問題発生は昨日の遅番からだったな．

担当者X：そうです．

課　長 Y：昨日の早番作業時までは通常どおりで問題なく，遅番時から問題が発生しているわけだから，早番と遅番の交代前後で何かの違いがあるはずだと思うが．

担当者 X：はい．昨日は担当している遅番作業者が急用で休暇をとったため，経験の浅い代わりの者が作業を担当したようです．先ほど，機械のセット状況を調べたところ，決められたとおりでない (F) ことがわかりましたので，正常な状態に戻しました．

課　長 Y：なるほど．ここが今回の問題発生の原因ということが判明し，対策が完了したわけだから工程は稼働させることにしよう．今回の問題は通常の作業者から，臨時にまだ慣れていない作業者にセッティングをまかせたことで起こった問題であり，我々に力量管理の重要さを改めて認識させたということだ．

問 68

下線部 (A) において，使用した QC 七つ道具としてもっとも適切なものをひとつ選べ．

　　ア．ヒストグラム
　　イ．チェックシート
　　ウ．パレート図
　　エ．特性要因図

問 69

下線部 (B) は，QC 七つ道具のひとつである．もっとも適切なものをひとつ選べ．

　　ア．特性要因図
　　イ．パレート図

ウ．層別
エ．チェックシート

問70
下線部（C）の分布の形としてもっとも適切なものをひとつ選べ．

ア．歯抜け型
イ．裾引き型
ウ．絶壁型
エ．一般型

問71
下線部（D）で判明した2台の旋削機（1号機・2号機）において，それぞれの問題の有無としてもっとも適切なものをひとつ選べ．

ア．両号機とも問題なし
イ．1号機は問題あり，2号機は問題なし
ウ．1号機は問題なし，2号機は問題あり
エ．両号機とも問題あり

問72
下線部（E）でわかったことは何か．もっとも適切なものをひとつ選べ．

ア．分布にかたよりがある．
イ．工程が統計的に管理されていない．
ウ．複数の母集団が混在している．
エ．S部品の設計に問題がある．

【問】73

下線部（F）について，何に定められた決めごとが守られなかったのか，もっとも適切なものをひとつ選べ．

ア．生産計画書
イ．作業標準書
ウ．完成品検査要領書
エ．製品カタログ

解説

この問題は，2台の機械で加工している部品に対する困りごとを後工程から相談され，その問題解決をどのように行うかを問うものである．

問題解決への取組みでは，まず応急処置として異常が発生した工程の生産を停止し，当該工程で加工した部品が誤って使用されたり引き渡されたりしないように識別した．同時に自工程の調査・分析を行い，同じ部品を加工している2台の機械のデータを取り，その実態についてQC七つ道具を用いて目で見てわかりやすく視覚化して考察した．そのうえで両機の工程能力を調べ，異常を発生した機械を特定した．さらに，異常が発生した機械の操業に影響を及ぼす要因の一つである作業者が作業標準どおりに機械を適正に設定できなかったことを突き止め，正常な状態に復帰させた．また，作業者の力量管理に関する重要性を再確認した．

本問では，工程で品質を作り込めずに異常が発生した場合の問題解決の基本的な進め方について理解しているかどうかがポイントである．

解答

問68 ア　**問67** ウ　**問70** エ　**問71** イ
問72 ア　**問73** イ

問68

担当者 X は，サンプリングした S 部品の計量特性のデータを使って度数分布の形でグラフ表示した．その結果，分布の形が左右に二つの山がある二山型で，ばらつきの幅が規格より大きいことを確認した．そのために使用するもっとも適切な QC 七つ道具はヒストグラムである．よって，正解はアである．

ヒストグラムは，計量値のデータの出現状況をもとに，分布の姿の把握，中心の位置，ばらつきの大きさ，規格との関係などを探るために有効な手法である．

一方，チェックシートは，データを収集するときに，分類項目のどこにデータが集中して発生しているか状況を見やすくするために記入法を工夫した表または図である．パレート図は，項目別に分類し，棒グラフを出現頻度の大きさ順に並べるとともに累積和を示した図である．特性要因図は，結果の特性と，特性に影響を及ぼしていると考えられる要因との因果関係を系統的に表した図である．

問69

担当者 X は，度数分布の形が二山型であることから，平均値の異なる二つの分布が混じりあっていると推測し，S 部品を加工した 1 号機と 2 号機に分けて分布の姿を確認し直した．このときに使用するもっとも適切な QC 七つ道具は層別である．よって，正解はウである．

層別は，機械・設備別，材料・部品別，作業方法別，作業者別など，データの共通点，くせ，特徴などに着目し，同じ共通点，くせ，特徴などをもついくつかの層（グループ）に分けることをいう．層別は，「分けることはわかるこ

と」と言われるように，品質管理の実践において非常に大切な手法である．

問70

担当者 X は，1 号機と 2 号機にデータを分けてグラフ表示した度数分布の形がほぼ左右対称で，きれいな型であることを確認した．

ヒストグラムの代表的な型には，二山型，飛び離れた山をもつ離れ小島型，区間の度数が交互に増減する歯抜け型（くし歯型），各区間に含まれる度数があまり変わらない高原型，端の切れた絶壁型，さらに平均が中心より片側にあり，度数はかたよった側がやや急に，反対側がなだらかに少なくなる裾引き型などがある．左右対称で，中心付近がもっとも多く，中心から離れるに従って徐々に少なくなる分布の形を一般型という．よって，正解はエである．

問71

担当者 X は，工程能力（process capability）を調べ，1 号機の C_p は 1.34 で C_{pk} は 0.68，2 号機の C_p は 1.41 で C_{pk} は 1.36 という結果を得た．

工程能力は，ある工程が規格などの要求事項に対してばらつきが少ない製品やサービスを提供することができるかを示すものである．工程能力を定量的に評価するための指数として工程能力指数（process capability index）があり，記号として C_p または C_{pk} が通常用いられる．工程が管理状態にあるとき，C_p と C_{pk} は次により算定される．

① 上限規格 S_U と下限規格 S_L の両側に規格限界があり，平均値の位置が中央にある場合または平均値の位置を考慮しない場合

$$C_p = \frac{上限規格 - 下限規格}{6 \times (標準偏差)} = \frac{S_U - S_L}{6s}$$

② 上限規格 S_U または下限規格 S_L の片側にだけ規格限界がある場合

上限規格 S_U の場合　　$C_p = \dfrac{上限規格 - 平均値}{3 \times (標準偏差)} = \dfrac{S_U - \bar{x}}{3s}$

下限規格 S_L の場合　　$C_p = \dfrac{平均値 - 下限規格}{3 \times (標準偏差)} = \dfrac{\bar{x} - S_L}{3s}$

③ 上限規格 S_U と下限規格 S_L の両側に規格限界があり，平均値の位置が中央からかたよっている場合

$$C_{pk} = \min\left(\dfrac{S_U - \bar{x}}{3s}, \dfrac{\bar{x} - S_L}{3s}\right)$$

ここに，min は二つの値のうち，小さいほうを選ぶことを意味する．
工程能力指数 C_p（C_{pk}）の評価基準は，次が用いられることが多い．

　　$C_p \geqq 1.33$　　　　：工程能力は十分である
　　$1.33 > C_p \geqq 1.00$：工程能力はあるが不十分である
　　$1.00 > C_p$　　　　：工程能力は不足している

1 号機は，$C_p = 1.34$ と工程能力は十分であるが，$C_{pk} = 0.68$ と工程能力が不足しており問題がある．一方，2 号機は $C_p = 1.41$，$C_{pk} = 1.36$ であることから工程能力は十分であり，問題はないと評価できる．よって，正解はイである．

問72

担当者 X は，1 号機の S 部品の外径寸法が規格の中心近辺にないと判断した．その理由は，1 号機は，$C_p = 1.34$ なのでばらつきに問題はないが，$C_{pk} = 0.68$ であることから平均の位置が中央からかたよっていて，工程能力が不足しているため問題がある．一方，2 号機は，$C_p = 1.41$，$C_{pk} = 1.36$ であることから工程能力は十分であり，問題はないと評価できる．よって，正解はアである．

問73

担当者 X は，経験の浅い作業者が定められた取決め（標準）である作業標準書どおりに 1 号機を適切に設定できなかったことが異常を発生させたと突き止め，1 号機のセットを正常状態に戻した．また，作業者の力量管理の重要

性も再認識した．

　作業標準書は，工程（プロセス）に必要な一連の活動に関する基準や手順を定めた作業標準に基づいて作業のやり方を作業者に示した標準書である．作業標準によって，品質の安定，仕損じの防止，能率の向上，作業の安全性の向上などを図ることができる．一方，生産計画書，完成品検査要領書，製品カタログは，機械のセットのやり方を定めた取決め（標準）ではない．よって，正解はイである．

16. 管理の方法 (3)

問題解決型 QC ストーリーは，次の手順で実施されるのが一般的である．
　手順1　テーマの選定
　手順2　現状の把握と目標の設定
　手順3　要因の解析
　手順4　　A
　手順5　　B
　手順6　　C
　手順7　　D
　手順8　反省と今後の対応

【問】74

手順3で要因の解析が行われた後に，手順4の A では何が行われるか．もっとも適切なものをひとつ選べ．

　　ア．効果の確認
　　イ．標準書の改訂
　　ウ．対策の立案
　　エ．成功シナリオの追究

【問】75

手順4が行われた後に，手順5の B では何が行われるか．もっとも適切なものをひとつ選べ．

　　ア．対策の実施

イ．成功シナリオの追究

ウ．対策の立案

エ．標準書の改訂

問76

手順5が行われた後に，手順6の C では何が行われるか．もっとも適切なものをひとつ選べ．なお，手順6の段階において，その活動で得られた結果が当初の判断と比較して不十分な場合には，それ以前の適切な手順，例えば手順3，手順4に戻って活動を繰り返す．

ア．対策の立案

イ．効果の確認

ウ．標準化と管理の定着

エ．成功シナリオの追究

問77

手順6が行われた後に，手順7の D では何が行われるか．もっとも適切なものをひとつ選べ．

ア．対策の実施

イ．対策の立案

ウ．成功シナリオの追究

エ．標準化と管理の定着

解説

この問題は，効果的かつ効率的な改善を進めるための有用なツールとしてPDCAのサイクルをさらに具体化し，ある程度パターン化した改善の手順のうち，問題を解決する場面で活用されている問題解決型QCストーリーの手順を問うものである．

問題解決型QCストーリーは，

　　手順1　テーマの選定
　　手順2　現状の把握と目標の設定
　　手順3　要因の解析
　　手順4　対策の立案
　　手順5　対策の実施
　　手順6　効果の確認
　　手順7　標準化と管理の定着（歯止め）
　　手順8　反省と今後の対応

が一般的な手順である．

QCストーリーは改善の手順とも言われ，改善を事実・データに基づき論理的で科学的に進め，効果的かつ効率的に行うための基本的な手順であり，改善の計画や実施，また改善の過程や結果を報告するときなどに使われている．

目標を現状より高い水準に設定してテーマを選定し，問題解決や課題達成をするためのQCストーリーには，問題を解決するための改善の手順である問題解決型QCストーリーと課題を達成するための改善の手順である課題達成型QCストーリーがあり，さらに施策実行型QCストーリーや未然防止型QCストーリーが生み出され活用されている．

課題達成型QCストーリーは，

　　手順1　テーマの選定
　　手順2　攻め所と目標の設定
　　手順3　方策の立案

手順4　成功シナリオ（最適策）の追究
手順5　成功シナリオ（最適策）の実施
手順6　効果の確認
手順7　標準化と管理の定着（歯止め）
手順8　反省と今後の対応

が一般的な手順である．

　本問では，問題解決型QCストーリーを取り上げており，その手順を理解しているかどうかがポイントである．

解答

問74　ウ　　問75　ア　　問76　イ　　問77　エ

問74

　問題解決型QCストーリーの手順4は「対策の立案」であり，対策すべき項目に対するアイデアの抽出と対策を具体化するための検討が重要になる．よって，正解はウである．

　アイデアの抽出では，要因の解析で検証された真の要因に対する系統図などを活用した実行可能な対策案の探索，小集団改善活動のメンバー全員でブレーンストーミングなどを活用した対策案のアイデア出しなどが役立つ．

　対策を具体化するための検討では，抽出されたアイデアの実現のために何に対して何を行うかなどを明確化した具体策を十分に考察し，具体策の実現性，費用対効果，副作用などを評価したうえで実行案を決定する．

問75

　問題解決型QCストーリーの手順5は「対策の実施」であり，実行計画を作成し，対策を実施する．よって，正解はアである．

　実行計画の作成では，実行案の推進日程計画，役割の分担などを盛り込んだ

実施計画書の作成と上位職の承認，仮の製造標準や作業手順の作成などの実施方法の具体化，関係部門や関係者への計画説明と協力依頼などが必要である．

対策の実施では，対策の実施計画書に基づき粘り強い対策の実施，実施事項と実施結果の対応をつかんだ進捗の確認と評価，上位職者や関係者へ進捗報告し指導・支援を得るなどが大切である．

問76

問題解決型 QC ストーリーの手順 6 は「効果の確認」であり，有形と無形の効果を把握する．よって，正解はイである．

有形の効果では，当初の目標値と比較した達成度の把握，実施事項ごとの対策結果の評価をもとに最終的な改善効果の確認，対策実施による前後工程への波及効果や悪影響の把握などを行う．有形の効果は，できる限り金額換算することが望ましい．また，手順 2 の「現状の把握」で用いた同じ指標によるグラフを使い，同じ管理特性（尺度，単位など）で改善効果を比較するとよい．目標が未達成のときは，手順 3，手順 4 などに戻って活動を継続する．

無形の効果では，例えば，あらかじめ設定した小集団改善活動の評価項目と評価尺度による効果の把握，小集団が目標にした成長度と比較した効果の確認，メンバーの成長度の把握などを行うことが望ましい．

問77

問題解決型 QC ストーリーの手順 7 は「標準化と管理の定着（歯止め）」であり，標準の制定・改訂と関係者への周知徹底，維持の確認などを行う．よって，正解はエである．

標準の制定・改訂では，仮標準に対する標準化の手続きを行って正式な標準として制定・改訂，実施時期や切換時期の決定，標準順（遵）守を確認する方法の確定，工程の管理方法に関する上位職の承認などが必要である．標準は，間違いなくできるように，何のために，誰が，いつ，どこで，何を，どのように実施するのかを明確にし，必要に応じてエラープルーフを考慮したうえでわ

かりやすく，守りやすい標準にすることが大切である．

　関係者への周知徹底では，実施者の理解と確実な実施のための教育・訓練を行う．また，関係者に対して，実施しなければならない理由，新しい実施方法などの説明と実施時期や切替時期などを告知し，協力を要請する．

　維持の確認では，標準化した新しい仕事のやり方の実施状況の確認，および改善効果が維持されていることの事実・データによる確認を行い，改善効果が維持されていたら日常管理に移行し，標準を順（遵）守して業務を継続する．

17. 管理の方法（4）

問78

SDCAの「S」に関連する用語は何か．もっとも適切なものをひとつ選べ．

ア．仕事
イ．試験
ウ．安全
エ．標準

問79

SDCAの「S」において，良いSをするために，何が明確であることが重要か．もっとも適切なものをひとつ選べ．

ア．ベンチマーク
イ．手順と急所
ウ．コストと納期
エ．改善

問80

SDCAの「D」は何を意味するか．もっとも適切なものをひとつ選べ．

ア．実施
イ．伝達
ウ．納期
エ．団結

㊂ **81**

SDCA の「D」のポイントは,「S」をしっかり実行することである．これを確実にするために実施すべきことは何か．もっとも適切なものをひとつ選べ．

　　ア．試験
　　イ．安全
　　ウ．教育・訓練
　　エ．納期

㊂ **82**

SDCA の「C」は何を意味するか．もっとも適切なものをひとつ選べ．なお，これには二つの「C」がある．ひとつは，手順と急所が守られているかの「C」であり，もうひとつは，ねらいが達成できているかの「C」である．手順と急所が守られていなければ「D」に原因があり，手順と急所が守られていても，ねらいが達成できていなければ「S」に原因があることになる．

　　ア．処置
　　イ．点検・確認
　　ウ．徹底
　　エ．現場力

㊂ **83**

SDCA の「A」は何を意味するか．もっとも適切なものをひとつ選べ．なお，「A」は,「C」で見つけた原因に対して行うもので，当然二つの「A」が必要になる．ひとつは教育・訓練のやり直し，もうひとつは標準の見直し・改定である．

　　ア．処置

イ．点検・確認
ウ．徹底
エ．現場力

問84

SDCAを確実に実行することにより期待されることは何か．もっとも適切なものをひとつ選べ．

ア．処置
イ．点検・確認
ウ．現場力
エ．経済大国

解説

　この問題は，組織または職場に存在する二つのマネジメントのサイクルのうち，SDCAの内容とその意味を問うものである．

　二つのマネジメントのサイクルとは，目標を現状より高い水準に設定してパフォーマンス向上を目指し改善を行うためのPDCAのサイクルと，改善で向上したパフォーマンスが低下しないように目標を現状またはその延長線上に設定して経営環境に対応した維持を行うためのSDCAのサイクルを指す．

　SDCAは，英語表記のStandardize，Do，Check，Actの4用語の頭文字をつなげたもので，標準を定め（S），標準どおりに実施し（D），標準どおりに実施されているかを点検・確認し（C），結果に対して処置をとる（A）ことを意味する（**解説図 17.1 参照**）．

　本問では，SDCAの各段階における考え方と実施すべきことを理解しているかどうかがポイントである．

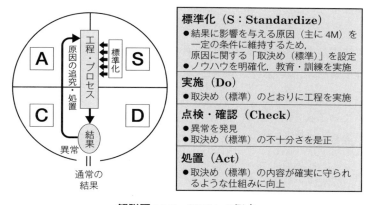

解説図 17.1　SDCA の概念
出典　JIS Q 9026:2016　マネジメントシステムのパフォーマンス改善
　　　—日常管理の指針，p.30，図 C.1 をもとに作成

解答

問78　エ　　問79　イ　　問80　ア　　問81　ウ

問82　イ　　問83　ア　　問84　ウ

問78

SDCA の S は，Standardize の頭文字をとって略記したものであり，標準化をいう．標準化は標準を定めたうえで活用することであるが，SDCA では標準を定める意味で用いている．よって，正解はエである．

SDCA の S では，結果に影響を与える原因（主に 4M）を一定の条件に維持するために，ノウハウなどを盛り込んだ原因に関する取決めを標準として設定し，教育・訓練することが要点である．

問79

一定の結果を得るためには，結果に影響を与える原因を一定の条件に保つ必要がある．これらに関する作業の手順，急所，ノウハウなどを標準として取り

決め，確実に守られるようにすることが不可欠である．よって，正解はイである．

標準に含める主なものは次の事項である．
① 作成目的，作成年月，作成者，承認者
② 作業の手順と方法，その急所と勘所，理由（理論，実験結果など）
③ 結果の評価方法と基準
④ 不適合や異常が発生したときの対応方法

問80

SDCAのDは，Doの頭文字をとって略記したものであり，実施を意味し，標準を順（遵）守し，標準どおりに実施されているかを確認する．よって，正解はアである．

問81

SDCAのD（実施）を確実にするために欠かせない基本的なことは，標準を関係者に周知したうえで，作業者が標準どおりに行えるかを判定し，必要な教育・訓練を行うことである．また，標準を守るための工夫を補強することも大切である．よって，正解はウである．

標準の利用者が標準順（遵）守の大切さを確実に理解するためには，標準を設定した理由は何か，標準を順（遵）守しないと後工程，顧客，社会などにどのような不都合が生じるかに関して過去の失敗事例などを活用し，教育・訓練することが役立つ．

問82

SDCAのCは，Checkの頭文字をとって略記したものであり，点検・確認を意味する．よって，正解はイである．

SDCAのCでは，D（実施）の結果を点検・確認し，結果が良ければ現状のやり方を続ける．一方，通常と異なる異常に気付いた場合には，取り決めた

標準どおりに実施したか，取り決めた標準の内容が十分であったかなどを点検・確認し，異常の原因となった仕組みの弱さを見直す必要がある．異常が発生したときに「なぜ」を自問自答し，原因追究して特定するために標準に基づく原因追究フローを活用するとよい（**解説図 17.2 参照**）．

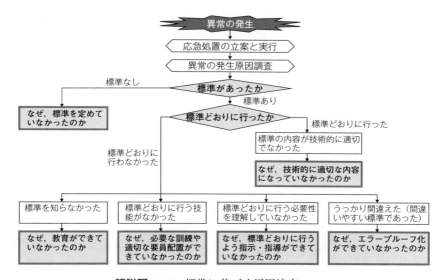

解説図 17.2　標準に基づく原因追究フロー
出典　JIS Q 9026:2016　マネジメントシステムのパフォーマンス改善
　　　―日常管理の指針，p.15，図 6

🈔 83

SDCA の A は，Act の頭文字をとって略記したものであり，処置を意味する．よって，正解はアである．

SDCA の A では，C（点検・確認）の結果を踏まえて，必要に応じて，標準を順（遵）守するための教育・訓練の再実施や教育・訓練の内容の見直し，標準の見直し・改訂などを行い，より良い仕組みに改善するための処置をとる．

問84

　組織または職場の基本は，SDCAのサイクルを継続的に回すことである．SDCAのサイクルを確実に回すには，製品やサービスまたはプロセスのいつもの状態を明確にし，日常の業務を行う中で発生したいつもの状態と違う異常の発生を素早く発見する．そのうえで異常となった原因を追究し，いつもの状態に戻す処置を行うとともに，現状よりも良い結果が継続するように製品やサービスまたはプロセスを修正してパフォーマンスを維持する．SDCAのサイクルを継続的に回すことにより，組織または職場における現場力の維持および向上を促進することが期待できる．よって，正解はウである．

18. 品質保証：プロセス保証

　検査に関する各問の文章は，正しい内容であるか，または誤りがあって修正を加えると正しい内容になる文章である．ただし，文章に誤りがある場合でも，誤っている箇所は各文章中の下線部いずれか一か所だけである．文章に誤りがある場合は，正しい内容とするために，もっとも適切な修正内容のものをひとつ選べ．なお，文章に誤りがなく正しい内容である場合もある．

問85
「お客様に対して良い品質の製品を提供するために，<u>最終製品 (A)</u> を<u>出荷前 (B)</u> に<u>全数検査する場合がある (C)</u>．」

　　ア．下線部（A）の「最終製品」を「不適合品」と修正すると正しい文章になる．
　　イ．下線部（B）の「出荷前」を「出荷後」と修正すると正しい文章になる．
　　ウ．下線部（C）の「全数検査する場合がある」を「全数検査してはいけない」と修正すると正しい文章になる．
　　エ．正しい文章であり，修正の必要はない．

問86
「X社は，電器メーカーY社に先月から1日あたり1000個の特殊小型部品を納入している．今週Y社の受入時の<u>抜取検査 (D)</u> でこの部品の不適合品がいくつか検出された．Y社の生産管理担当者が，X社の製造工程の状況を確認したところ，先週から工程内で不適合品が増加しており，<u>不適合品の手直し (E)</u> 回数も増えていることを確認した．生産管理担当者は以下のように考えて

いる．

　"このまま放置すると製品のリリースに影響しかねないな．X社さんには，まずは不適合品の発生状況を調査して報告をもらうように依頼し，手直しの効率化 (F) に最優先に取り組んでもらわないといけない．こちらからも技術指導のために人を派遣して，一緒に問題解決に取り組む必要があるだろう．"

　　ア．下線部 (D) の「抜取検査」を「出荷検査」と修正すると正しい文章になる．
　　イ．下線部 (E) の「不適合品の手直し」を「適合品の手直し」と修正すると正しい文章になる．
　　ウ．下線部 (F) の「手直しの効率化」を「不適合品を発生・流出させている原因の究明と対策の実施」と修正すると正しい文章になる．
　　エ．正しい文章であり，修正の必要はない．

問 87

「検査には正確な判定が求められるため (G)，精密な測定機器を使う場合が多い．一方で，製品の手触りや心地よさなどについて，人間のもつ聴覚・視覚・味覚などの五感を活用して (H) 評価を行う場合があるが，これも検査に含まれる (I)．」

　　ア．下線部 (G) の「検査には正確な判定が求められるため」を「検査は処理スピードを最優先に行うため」と修正すると正しい文章になる．
　　イ．下線部 (H) の「人間のもつ聴覚・視覚・味覚などの五感を活用して」を「さまざまな人の意見を聞いて」と修正すると正しい文章になる．
　　ウ．下線部 (I) の「これも検査に含まれる」を「これは検査に含まれない」と修正すると正しい文章になる．
　　エ．正しい文章であり，修正の必要はない．

解説

　この問題は，顧客に良い品質の製品を提供するにあたり，どのような検査を用いて，いつ，どのように検査を実施するのか，また検査後はどのような対処が適切かを問うものである．

　本問では，品質保証に不可欠なプロセス保証の実施で重要な検査の目的，意義，考え方，並びに検査の種類および方法について理解しているかどうかがポイントである．

解答

問85 エ　　**問86** ウ　　**問87** エ

問85

　顧客へ製品を提供するにあたって，どのような製品を検査の対象にするのか，その製品の検査の時期はいつか，どのような検査の方法を適用したらよいかを正しく理解していることが要点である．

　検査の対象として，顧客に提供する最終製品を対象にすることは妥当である．一方，不適合品に対しては，応急対策，不適合の原因追究，再発防止対策などの処置をとる必要があり，製品を顧客に提供する段階において不適合品を検査の対象にすることは適切でない．

　検査の時期として，顧客に提供する最終製品は，出荷後ではなく，出荷前に検査を実施することが不可欠であるので妥当である．

　検査の方法には，全数検査，抜取検査，間接検査，無試験検査などがある．全数検査は，不適合品が流出すると人命に危険を与えるときや，わずかな不適合品が混入しても経済的に大きな損失になるときに適用される．製品によっては全数検査をする場合があることは妥当である．

　以上により，検査対象，検査時期および検査方法は適切である．よって，正

解はエである.

問86

　Y社は，X社から受け入れた製品に対してどのような検査の方法を適用するのか，また検査後にX社に対してどのような対応を行ったらよいかについて，正しく理解していることが要点である．

　Y社は，X社製品の受入時に抜取検査を実施した．抜取検査は，検査項目がたくさんある場合，検査項目が破壊試験項目である場合，1個あたりの検査費用が高いまたは時間がかかるときなどに適用される．抜取検査の条件は，品物がロットとして処理できる，サンプルがロットの代表として公平なチャンスで抜き取ることができる，合格したロットの中にもある程度の不適合品の混入が許される，品質判定基準と抜取検査方式が明確に決まっていて誰がいつ検査をしても同じ方法でできるときに行うことができる．Y社がX社製品の受入時に実施する検査は，出荷検査ではなく，抜取検査が妥当である．

　X社が，不適合品を手直しして，Y社の要求事項を満たす適合品を納入することはあり得るが，適合品を手直しする必要はない．また，X社は，手直しの効率化に取り組むことはあるが，不適合品の原因を突き止める本質的な再発防止ではないので不適合品が再発する．したがって，Y社がX社に依頼する最優先で取り組むべきことは，手直しの効率化ではなく，不適合品の発生の原因究明と再発防止対策の実施である．よって，正解はウである．

問87

　検査の目的は何か，また適用できる検査は何かについて，正しく理解していることが要点である．

　検査は，製品やサービスの一つ以上の特性値に対して，測定，試験，ゲージ合わせなどを行い，規定要求事項と比較して適合しているかどうかを判定する行為をいう．検査は，正確な判定が第一義であり，そのために精密な測定器を適切に使うことは妥当である．一方，検査の処理スピードは速いほうがよい

が，検査の目的と照らし合わせると最優先ではない．

　検査を性質で分けた場合，破壊検査，非破壊検査，自主検査，官能検査などがある．人間の五感（味覚，視覚，嗅覚，聴覚，触覚）を測定器のセンサーにして測定する官能検査による評価・判定は，利き酒審査などで活用されており，検査の一つとして妥当である．一方，価値判断，考え方，信念など言葉で表明した意見に基づいた主観的な評価・判定は，合否判定に客観性や再現性が求められる検査では適切でない．

　以上により，検査における正確な判定が基本であること，および官能検査による評価の実施は適切である．よって，正解はエである．

19. 品質経営の要素：方針管理

問88

　経営者が正式に表明した組織の使命，理念およびビジョン，または中長期経営計画の達成に関する，組織の全体的な意図および方向付けを，全部門・全階層の参画のもとで，ベクトルを合わせて重点指向で達成していく活動のことを何というか．もっとも適切なものをひとつ選べ．

　　ア．日常管理
　　イ．方針管理
　　ウ．工程管理
　　エ．事実に基づく管理

解説

　この問題は，品質経営の要素の一つである方針管理についての説明を提示し，そこに記されている内容に合致する用語を選択させることで，方針管理の理解を問うものである．

　品質経営の要素として方針管理，日常管理，標準化，小集団活動，品質マネジメントシステムの五つは，日本のTQM活動を支える5本柱ともいえる．それぞれの定義と基本的な考え方，また仕組みや進め方は，品質管理に携わっているか否か，また学生であっても，品質管理を重視した組織運営の方法として学んでおくことが望まれる．

　方針管理とは，「方針を，全部門・全階層の参画のもとで，ベクトルを合わせて重点指向で達成していく活動」[1]である．方針管理は，日常管理と合わせ

て実施することが効果的とされている．

　本問では，方針管理がトップダウンのマネジメント方法であることを理解しているかどうかがポイントである．あわせて，品質経営の五つの要素の理解も深めておくとよい．

引用・参考文献

1) 日本品質管理学会規格「方針管理の指針」，JSQC-Std 33-001:2016

解答

問88　イ

問88

　トップが示す組織の使命，理念，ビジョンは方針管理の軸であり，すべての活動の方向を定めること，また中長期経営計画はビジョンの実現のために策定されていて，その計画を全部門・全階層に展開して，各組織の活動を方向付けし，各部門・各階層のマネジメントを行っていくのが方針管理である．よって，正解はイである．

20. 品質経営の要素：日常管理

　Z社では顧客の定期品質監査があり，現場で顧客（監査員）の質問に当該工程担当の技術スタッフが説明している．

監査員：このX部品とY部品を接合するスポット溶接の強度は重要ですが，どのように保証していますか．

スタッフ：スポット溶接強度が規格を満足しているかは，生産準備段階で確認しています．分布は一般型であり，おおむね C_p 値は1.42で C_{pk} 値は1.35です．

監査員：そうですか．ばらつきなどに問題はない (A) ということですね．では，日常管理はどのようにしていますか．

スタッフ：はい．スポット溶接強度は検査の性質上，全数確認はできません (B)．現在は作業の休憩時間を一区切りとして，この間に5個サンプリングして試験機で強度確認し，管理図で管理しています (C)．

監査員：なるほど．しかしこの溶接は重要工程ですね．それだけで全数の保証にはならないと思うのですが．

スタッフ：はい．この溶接強度については全数保証が基本と考えています．スポット溶接強度は溶接時の電流値と関係があるため，この電流値について全数管理するようにしています．

監査員：なるほど．スポット溶接時の電流値を管理している (D) わけですね．ということは，この電流値をしっかり管理しないといけませんね．

スタッフ：はい．この管理すべきスポット溶接時の電流値を決める際には，電流値と溶接強度の関係をQC手法で確認しました (E)．その結果，電流値が上がると溶接強度が増すという関係が顕著であるこ

とを把握し，管理すべき電流値を決めました．

監査員：なるほど．スポット溶接強度と電流値間には相関がある (F) ということですね．

スタッフ：そうです．そして質問のあったこの電流値の管理ですが，作業の休み時間後の始業時に電流値を測定し，その結果を記録しています．さらに，この電流値が誤操作などで規格から外れた場合は，警報を発し機械が停止するようにしています．

監査員：そうですか．安心しました．

問89

下線部（A）において，ばらつきなどに問題はないとした理由としてもっとも適切なものをひとつ選べ．

　ア．かたよりは十分で出荷も問題なかった．
　イ．生産体制は十分で不適合品数も問題なかった．
　ウ．出荷は十分で標準も問題なかった．
　エ．工程能力は十分でかたよりも問題なかった．

問90

下線部（B）において，関連する検査の種類としてもっとも適切なものをひとつ選べ．

　ア．生産体制
　イ．出荷検査
　ウ．工程能力
　エ．破壊検査

問91

下線部（C）において，使用した管理図の種類としてもっとも適切なものをひとつ選べ．

　ア．ヒストグラム
　イ．$\bar{X}$–R 管理図
　ウ．p 管理図
　エ．np 管理図

問92

下線部（D）において，スポット溶接時の電流値をスポット溶接強度の何ととらえて管理しているか．もっとも適切なものをひとつ選べ．

　ア．チェックシート
　イ．フールプルーフ
　ウ．代用特性
　エ．特性要因図

問93

下線部（E）において，使用した QC 手法としてもっとも適切なものをひとつ選べ．

　ア．散布図
　イ．特性要因図
　ウ．フールプルーフ
　エ．チェックシート

【問】94

下線部 (F) においては, どのような相関があるか. もっとも適切なものをひとつ選べ.

　ア. 強い正の相関
　イ. 強い負の相関
　ウ. 無相関
　エ. 類似の相関

解説

　この問題は, 品質監査の場で交換される情報をもとに, 下線部は順にばらつき, サンプリング, 管理図, 管理特性としての電流, 品質特性としての溶接強度, 双方の関係を説明している. これらをキーワードとした会話の中から, 工程能力指数や品質特性の代用特性による工程管理上での日常管理の理解を問うものである.

　QC 検定ではこのように, 品質管理に従事する複数の登場人物どうしの業務に関する会話を提示して, その内容にかかわる事項について出題することがある. 会話が行われている現場の情景を思い浮かべながら, 取り組んでいただきたい.

　日常管理も, 品質経営の要素である. 日常管理とは, 「組織のそれぞれの部門において, 日常的に実施されなければならない分掌業務について, その業務目的を効率的に達成するために必要なすべての活動」[1] である. ねらいどおりの製品やサービスを経済的に生み出すためには, プロセスを定め, それに従って仕事を行うのがよい. 日常管理は, 定めたプロセスの維持向上のために SDCA のサイクルを回す活動ともいえる.

　本問では, 日常管理を主題として, QC 手法の基本的な考え方, および管理

図，散布図などそれぞれの手法がどのように日常管理で使われているかを理解しているかどうかがポイントである．

引用・参考文献

1) 日本品質管理学会規格「日常管理の指針」，JSQC-Std 32-001:2013

解答

【問】89 エ 【問】90 エ 【問】91 イ 【問】92 ウ
【問】93 ア 【問】94 ア

【問】89

監視員がスタッフから提示された情報は，生産準備段階でスポット溶接強度が規格を満足していること，分布が一般型で $C_p = 1.42$，$C_{pk} = 1.35$ であることの2点である．これにより，溶接強度の分布が規格内に収まり，工程能力指数も C_p と C_{pk} で差があまりないことから，かたよりも大きくなく，いずれも1.33を超えているので工程能力は十分なことがわかる．よって，正解はエである．

【問】90

溶接強度の測定は，溶接が剝がれるまで溶接部位に引張り力を加える引張試験など，測定を終えたら溶接されていない状態になる方法を用いる必要がある．このような測定方法を用いた検査の後には，製品は使用できない状態となるため，このような検査は破壊検査と呼ばれる．製品をすべて破壊するわけにはいかないのが，下線部（B）の発言の理由である．よって，正解はエである．

【問】91

溶接強度は引張試験で溶接が剝がれた時点に加えられていた応力の強さであ

るので，連続量として測定される計量値である．サンプリング間隔を定めて抽出した5個の溶接済み品の溶接強度を管理するには，規格に照らして合格，不合格を判定した後に用いる計数値管理図よりは，測定値をそのまま用いる $\bar{X}$–R 管理図に代表される計量値管理図が適用できる．よって，正解はイである．

問92

監視員からの抜取検査では工程の保証にはならないとの指摘に対して，スタッフは，溶接時の電流値がスポット溶接強度と関係があるため電流値を全数管理していると回答している．品質特性であるスポット溶接強度の代わりに，溶接機に流れる電流値を常時計測して管理していることから，電流値はスポット溶接強度の代用特性である．よって，正解はウである．

問93

電流値と溶接強度の関係を確認するために，電流値を設定して溶接を行い，溶接強度を引張試験で測定する実験を，複数の電流値で実施してデータを得ることになる．このようなデータ間の関係は，電流値と溶接強度において対応のあるデータと呼ばれる．2変数の関係を調べる手法は，QC七つ道具の散布図，ほかに相関分析，回帰分析，分散分析などの統計的な手法がある．

下線部（E）の後に，電流値が上がると溶接強度が増す関係が顕著という発言もあることから，使用するQC手法はまずは散布図と相関分析である．よって，正解はアである．

問94

スタッフの発言を受けて，監査員が電流値と溶接強度の間に顕著な相関関係があることを確認している．この相関が弱い場合は，電流値を管理しても溶接強度のばらつきを抑えることができない．しかし，スタッフから代用特性に用いていることの報告があることから，相関は強いことが推察される．よって，

正解はアである．

21. 品質経営の要素：標準化

問 95

企業で経営活動に必要なものや事柄（概念・方法・手続き等）の標準化は，意図的に管理・統制することで，少数化，秩序化に加えて，どのような観点が適切となるか．もっとも適切なものをひとつ選べ．

ア．無作為化
イ．並列化
ウ．反省心
エ．単純化

問 96

社内標準の設定にあたっては，社内の関係者の合意により，合理的かつどのような考え方によって設定することが基本であるか．もっとも適切なものをひとつ選べ．

ア．主観的
イ．客観的
ウ．相互理解
エ．反省

問 97

ある目的達成のために設定された社内標準が確実に活用され，有効に機能するために重要なこととして，関係者全員は社内標準をどう扱うべきか．もっとも適切なものをひとつ選べ．

ア．相互理解すべき
イ．主観化すべき
ウ．反省すべき
エ．順（遵）守すべき

問98

企業が標準化活動を進める効果として，<u>不適切なもの</u>をひとつ選べ．

ア．ノウハウや技術の一般公開による社会貢献
イ．合理的な作業標準による業務効率の向上，安全と衛生・健康および生命の保護
ウ．材料・部品などの品種の削減や共通化が図れるという単純化の促進，品質の安定と向上，コスト低減
エ．社内用語や記号などを統一することで相互理解の推進

解説

この問題は，品質経営の要素の中でももっとも基本的な要素である標準化の理解を問うものである．

標準化とは，「効果的かつ効率的な組織運営を目的として，共通に，かつ繰り返して使用するための取り決めを定めて活用する活動」[1]であり，標準は，関係する人々の間で利益または利便が公正に得られるように統一・単純化を図る目的で定めた取決めである．そして，標準化の目的は，無秩序な複雑化を防ぎ，合理的な単純化または統一化を図ることであり，これによって，相互理解・コミュニケーションの促進，品質の確保，使いやすさの向上，互換性の確保，生産性の向上，維持・改善の促進などが進むことになる．

また標準化は，日常管理で用いられるプロセスおよびシステムの維持向上の

ための SDCA のサイクルの中の S でもある．

　標準化なくして安定した製品やサービスの持続的な提供は実現できない．標準化を画一化と誤解される向きもあるが，製造工程のオペレーションの標準化，サービス提供プロセスの標準化，仕事の段取りの標準化など，いずれも顧客に満足してもらう製品やサービス，仕事の成果を生み出すうえで欠かせないものである．

　本問では，標準化，社内標準，標準化活動に焦点をあてて，それらの考え方を問うており，標準化に関して理解しているかどうかがポイントである．

引用・参考文献

1) 日本品質管理学会規格「プロセス保証の指針」，JSQC-Std 21-001:2015

解答

問95　エ　　問96　イ　　問97　エ　　問98　ア

問95

　日本産業標準調査会や日本規格協会など，日本産業規格に携わる団体は，標準化について「自由に放置すれば，多様化，複雑化，無秩序化する事柄を少数化，単純化，秩序化すること」と説明している．加えて標準を「標準化によって制定される「取決め」」と説明している．

　したがって，問題文にあげられている少数化，秩序化に加えて，単純化が該当する．よって，正解はエである．

引用・参考文献

1) 日本産業標準調査会：産業標準化について
　https://www.jisc.go.jp/jis-act/
2) 日本規格協会：標準化とは
　https://webdesk.jsa.or.jp/common/W10K0500/index/dev/glossary_1/

3) 情報規格調査会：標準化活動とは
https://itscj.ipsj.or.jp/standardization.html

🔴 96

社内標準とは，企業活動を適切かつ合理的に運営するために従業員が順（遵）守しなければならない社内における取決めであり，社内規格とも呼ばれる．

社内標準の要件としては，次の七つがあげられる．
① 現在から将来に向かっての展望をもった将来指向形のものであること．
② 実行可能なものであること．
③ 文章，図，表などにより成文化され，内容は具体的，客観的に規定されたものであること．
④ それを含む関係者の合意により決められたものであること．
⑤ 順（遵）守しなければならないという権威付けがなされていること．
⑥ 社内標準相互に矛盾がなく，かつ国際規格，国家規格，団体規格などとの調和のとれたものであること．
⑦ 必要に応じて改正が行われ，常に最新の状態に維持管理されていること．

したがって，社内標準の設定の際の考え方について，合理的以外の選択肢の用語をこの要件に照らすと，客観的が強調される．よって，正解はイである．

引用・参考文献
1) 吉澤正編(2004)：クオリティマネジメント用語辞典, pp.250–251, 日本規格協会

🔴 97

設定された社内標準のあるべき扱われ方は，**問** 96 の解説に示したように，関係者全員でそれを順（遵）守しなければならない．よって，正解はエである．

問98

　企業が社内で標準化活動を進めることの効果は，技術の標準化による開発した固有技術の効果的な活用，業務運営の標準化による合理化や効率化，用語や記号の統一による理解のばらつきの低減，材料や部品の標準化による部品品種の削減や共通化などである．一般的な表現でいえば，品質の安定，作業ミスの防止，能率の向上，作業の安定化などが期待できる．

　あげられている選択肢の中では，選択肢のイ，ウ，エの三つは標準化の効果としてふさわしい．しかし選択肢のアは，標準化の内容を考えると，必ずしも公開すると社会貢献に寄与するとは限らない．よって，正解はアである．

22. 品質経営の要素：小集団活動

問99

効果的な品質管理活動に欠かせない，数名から10人前後の職場の人たちが自主的に小集団を構成し問題解決を図っていく活動のことを何というか．もっとも適切なものをひとつ選べ．なお，自主的活動を基本とするが，会社として放任するのではなく，必要なバックアップをしていくことが大切であると一般に認識されている．

　ア．組合活動
　イ．プロジェクトチームの活動
　ウ．QCサークル活動
　エ．内部監査

解説

　この問題は，第一線の職場で働く従業員による小集団を構成し，そのグループ活動を通じて構成員の労働意欲を高めて，企業の目的を有効に達成しようとする小集団活動について問うものである．

　小集団改善活動とは，「共通の目的及び様々な知識・技能・見方・考え方・権限などを持つ少人数からなるチームを構成し，維持向上，改善及び革新を行うことで，構成員の知識・技能・意欲を高めるとともに，組織の目的達成に貢献する活動」[1] である．

　この活動には，次の二つの形がある．
　① 職場別グループ：同じ職場の人たちが集まって，まずグループをつく

り，活動のテーマを取り上げて問題解決・課題達成を継続的に行っていく形であり，QC サークルが有名である．

② 目的別グループ：ある目的を達成するために，関連のある部門の人たちでグループを構成し，活動を行い，目的が達成されれば解散する形であり，例として，QC チーム，プロジェクトチーム，クロスファンクショナルチーム，タスクフォースなどがある．

本問では，職場別グループによる QC サークルの活動の進め方について理解しているかどうかがポイントである．

解答
問99　ウ

問99

小集団を構成して問題解決を図っていく活動は QC サークルである．よって，正解はウである．

ここに，『QC サークル綱領 第3版』を参考に，QC サークルの特徴をまとめておく．

① QC サークルとは第一線の職場で働く人々が継続的に製品・サービス・仕事などの質の管理・改善を行う小グループである．
② このグループは，運営を自主的に行い，QC の考え方・手法などを活用し，創造性を発揮し，自己啓発・相互啓発を図り，活動を進める．
③ この活動は，QC サークルメンバーの能力向上・自己実現，明るく活力に満ちた生きがいのある職場づくり，お客様満足の向上および社会への貢献を目指す．
④ 経営者・管理者は，この活動を企業の体質改善・発展に寄与させるために，人材育成・職場活性化の重要な活動として位置づけ，自ら TQM などの全社的活動を実践するとともに，人間性を尊重し全員参加を目指した指

導・支援を行う．

このようにQCサークル活動は，現場力の強化と発揮，また人材育成を意図する活動である．

QCサークルは，必ずしも自主的に構成するとは限らないが，自主的に構成することを妨げるものではない．また，問題解決以外の課題達成やその他の改善を図っていくことも活動に含まれることがある．自主的な活動を基本とするのはそのとおりである．

引用・参考文献

1) 日本品質管理学会規格「小集団改善活動の指針」，JSQC-Std 31-001:2015
2) QCサークル本部(1996)：QCサークルの基本—QCサークル綱領 第3版，日本科学技術連盟

23. 品質経営の要素：品質マネジメントシステム

問 100

品質マネジメントシステム規格である ISO 9001 の認証審査は，誰が行わなければならないか．もっとも適切なものをひとつ選べ．

ア．認定機関
イ．第三者審査登録機関
ウ．被認証組織
エ．被認証組織の取引先

解説

この問題は，品質に関して組織を指揮し，管理するための品質マネジメントシステムについて問うものである．

ISO 9001 は品質マネジメントシステムに関する国際規格である．ISO 9001 は一貫した製品やサービスの提供と顧客満足の向上を実現するための品質マネジメントシステムの要求事項を定めている．

ISO 9001 の構成は次のとおりである．

① 適用範囲
② 引用規格
③ 用語及び定義
④ 組織の状況
⑤ リーダーシップ
⑥ 計画

⑦　支援
⑧　運用
⑨　パフォーマンス評価
⑩　改善

この構成は，④〜⑥がPlan，⑦〜⑧がDo，⑨がCheck，⑩がActとした管理のサイクルともいえる．

このISO 9001を順(遵)守した品質マネジメントシステムを運用していることの認証は，第三者認証を原則とする．第三者認証とは，その企業と利害関係のない公正・中立な第三者が，規格に適合しているかを審査して認証することを指す．

本問では，ISO 9001の認証方法について理解しているかどうかがポイントである．

引用・参考文献

1) JIS Q 9000:2015　品質マネジメントシステム—基本及び用語
2) JIS Q 9001:2015　品質マネジメントシステム—要求事項

解答

問100　イ

問100

組織の品質マネジメントシステムを第三者が規格に基づいて審査し，結果を公表する審査登録制度がある．その審査登録をする際の要求規格として使用されるのがISO 9001である．そして，審査する審査員が所属する組織は，第三者審査登録機関である．よって，正解はイである．

CBT対応版　模擬問題で学ぶQC検定3級

2025年4月30日　第1版第1刷発行

監　　修　新藤　久和

発 行 者　朝日　弘

発 行 所　一般財団法人 日本規格協会
〒 108-0073　東京都港区三田 3 丁目 11-28　三田 Avanti
https://webdesk.jsa.or.jp/
振替　00160-2-195146

製　　作　日本規格協会ソリューションズ株式会社
印 刷 所　三美印刷株式会社

© Japan Standards Association, 2025　　　　　Printed in Japan
ISBN978-4-542-50536-0

- 当会発行図書，海外規格のお求めは，下記をご利用ください．
  JSA Webdesk（オンライン注文）：https://webdesk.jsa.or.jp/
  電話：050-1742-6256　　E-mail：csd@jsa.or.jp
- 本書及び当会発行図書に関するご感想・ご意見・ご要望等は，
  氏名・連絡先等を明記して，下記へお寄せください．
  e-mail：dokusya@jsa.or.jp
  （個人情報の取り扱いについては，当会の個人情報保護方針によります．）

品質管理検定（QC 検定）対策書

2015 年改定レベル表対応
品質管理検定教科書　QC 検定 3 級
仲野　彰 著
A5 判・296 ページ
定価 2,750 円（本体 2,500 円＋税 10%）

2015 年改定レベル表対応
品質管理の演習問題と解説［手法編］
QC 検定試験 3 級対応
久保田洋志　編
A5 判・280 ページ
定価 2,530 円（本体 2,300 円＋税 10%）

品質管理の演習問題［過去問題］と解説
QC 検定レベル表実践編
QC 検定試験 3 級対応
監修・委員長　仁科　健／QC 検定過去問題解説委員会　著
A5 判・274 ページ
定価 2,750 円（本体 2,500 円＋税 10%）

合格をつかむ！
QC 検定 3 級
重要ポイントの総仕上げ
仁科　健 編
A5 判・168 ページ
定価 1,980 円（本体 1,800 円＋税 10%）

過去問題で学ぶ QC 検定 3 級
2025 年版
監修・委員長　仁科　健
QC 検定過去問題解説委員会　著
A5 判・366 ページ
定価 3,520 円（本体 3,200 円＋税 10%）

2022 年 3 月～
2024 年 9 月
実施 6 回分
(33～38 回)収録

日本規格協会　　　https://webdesk.jsa.or.jp/